메시에
가이드 I

메시에 가이드 1

샤를 메시에의
관측 노트를 통해서 본
메시에 목록 관측법

윤관우 김태호 최승규

★ ★ ★ 저 미래로 달아나자 ★ ★ ★

지구라는 점에서 바라본 천체 110가지.

우선 거기서부터 시작하자.
밤하늘을 사랑하는 지구인들에게 바친다.

바른북스

목 차

3

메시에 카탈로그를 이해하기 위한
이론 일러두기

4 M1-M3O

들어가는 말

저 미래로 날아나자

윤관우

어린 시절 유독 산속에서 뛰어놀기를 좋아했다. 초등학교에 진학하고 나서는 작은 곤충들을 비롯해 미생물들을 찾아내고 각종 동식물들을 구별하기 위해 여러 권의 백과사전을 들고 다니며 실제 생물들과 비교하고, 산속에서 본 다양한 암석들과 충충이 쌓여 있는 바위를 보며 그것들이 어떻게 형성되었는지 알기 위해서 전국의 화석산지를 헤매고 다녔다. 그러다 인간은 어디서 생겨 나왔는지, 아주 오래전 지구에는 어떤 생명체가 살았는지 알고 싶었다. 인간의 기원에 대한 원초적인 호기심이 어린 시절의 필자를 움직이게 했다.

이렇게 자연 속에서 많은 시간을 보내던 중, 강원도 깊은 산속의 고지에서 모든 것을 집어삼킬 듯 반짝이는 별들을 목격하게 되었다. 누군가는 밤하늘의 별을 발밑에 땅이 있고, 하늘에 구름이 있듯이 당연한 것으로 여기겠지만, 그 희미하면서도 강렬한 빛은 나에게 너무나 매력적으로 다가왔다.

천문에 대한 관심을 가지게 된 초등학교 1학년부터 학교의 도서관에 있는 모든 천문학 도서를 찾아 읽었다. 책을 통해 우주가 어떻게 형성되고, 어떠한 이치로 움직이는지 조금이나마 이해할 수 있었다. 하지만 별을 어떻게 찾고, 성운, 성단, 은하와 같은 심우주 천체는 어떻게 보이는지에 대한 궁금증을 해결할 수는 없었다.

이 궁금증을 해소하기 위해서 동네의 작은 천문대에 다니면서 여러 가지 망원경을 다룰 수 있었다. 맨 처음 천문대에 방문했을 때, 천문대장님이 8인치 구경의 굴절망원경으로 보여주신 M13 헤라클레스 구상성단의 모습은 아직까지도 잊히지 않는다. 어둡고 공허한 우주 공간에 무척 희미한 별들이 빼곡히 모여 그야말로 장관을 이루었다. 이 광경은 어린 필자의 마음을 사로잡기에 충분했고, 그 빛이 수만 년간 우주를 항해하다 우리 눈에 도달했다는 사실을 알게 되었을 때 천문학을 공부해야겠다고 다짐했다.

이후 중학생 때, 천문올림피아드에 지원해 운 좋게도 대한민국을 대표하여 세계대회에 출전할 기회를 얻게 되었고, 대표교육 과정에서 같은 관심을 가진 이들을 만나 다양한 생각을 나눌 수 있었다. 그중 이 책의 공동 저자인 김태호와 최승규는 그때 함께 공부한 동기이자 선배이다. 우리는 서로 각종 문제들을 고민하며 밤이 새도록 시간 가는 줄 모르고 토론하다 예전에 우리 자신도 북극성 하나를 찾느라 겪은 숱한 시행착오를 생각하며 천문학에 입문하려는 청소년과 초보자들을 위한 가이드북을 집필하게 되었다.

맨눈으로 천체관측을 하는 행위는 현대 천문학에서 그리 중요한일이 아니다. 또한 디지털카메라를 이용하여 천체를 촬영하는 것은 너무나 아마추어 같은 모습일지 모른다. 하지만 필자는 작은 망원경과 적도의를 이용해 밤하늘의 대상을 찾는 과정에서 여러 가지 좌표계의 정의를 이해할 수 있었고, 지구와 태양계, 나아가서는 은하계의 움직임을 몸소 느낄 수 있었다. 카메라에 천체를 담는 과정은 망원경과 카메라의 기계적 이론과 활용법을 배울 수 있을 뿐 아니라 교과서에서만 볼 수 있었던 이론을 직접 체험하면서 천문학자들만의 영역으로 보였던 연구의 일부도 수행하는 즐거움을 맛볼 수 있다. 이러한 경험은 미래에 천문학을 전공하려 하는 독자뿐 아니라 아마추어 천문인들에게도 도움이 될 것으로 믿는다.

책에 나오는 메시에 카탈로그 대상들의 사진 가운데 일부는 두 분의 친절한 도움을 받았다. 구상성단과 산개성단을 평소에 많이 담아보지 않은 까닭에 국립청소년우주센터의 김태우 선생님과 KAIST 장승혁 박사님께서 제공해주신 사진을 사용하였다. 소중한 사진의 원본을 내어주신 두 분께 감사의 말씀을 드린다. 2권과 3권이 나올 때 즈음에는 메시에 전체 대상을 필자가 직접 촬영할 수 있도록 노력해야겠다. 별이 내리고 음악이 흐르는 어느 산속에서 메시에 대상들을 쳐다보고 있을 생각만 해도 벌써 기분이 좋아진다.

　　이 책은 총 세 편에 걸쳐 모든 메시에 목록을 다룰 것이다. 천문학에 관심을 갖기 시작한 학생, 안시뿐 아니라 천체촬영을 즐기는 사람과 메시에 목록의 천체관측법을 숙달하려 하는 한국천문올림피아드 후배들에게 이 책을 바친다.

밤하늘을 즐기자

김태호

초등학교 시절 시작된 천체관측은 대학생이 된 현재까지
도 No. 1 취미로 즐기고 있다. 쌍안경들과 나의 첫 망원경인
114mm 반사망원경부터 8" 돕소니언과 SCT까지 다양한 장비
들과, 집 앞 공터에서부터 멀리는 몽골 고비사막까지 다양한 장
소들에서 관측을 해오면서 필자의 삶에서 천체관측은 가장 중
요한 부분 중 하나가 되었다. 어렸을 적 놀러 간 제주도와 그 무
렵 익산 왕궁리 유적지와 장수 그리고 최근 몽골 고비사막에서
마주한 밤하늘을 영원히 잊지 못할 것이다. 이처럼 내가 느꼈던
소중한 것들을 많은 사람들도 경험함으로써 밤하늘의 아름다움

에 매료되고 더 나아가 어두운 하늘을 함께 지켜나가기를 바라는 마음이다. 또한 학문의 발전을 위해서는 천문학(넓게는 과학)의 대중화가 중요하다고 생각한다. 과학을 공부하는 학생으로서 천문학의 대중화에 기여하고자 이 책을 쓰게 되었다.

처음 딥스카이 천체를 관측하면 어둡고 흐린 천체를 보고 사진과 다른 모습에 실망할 수 있다. 하지만 필자가 어두운 하늘에서 돕소니언으로 본 M3과 M13의 매우 멋있는 모습, 메시에 마라톤을 하면서 본 오리온 대성운 등 여러 천체들의 모습은 이러한 편견을 날려버리게 해준다. 이런 멋진 모습 이외 흐리고 어두운 딥스카이 천체도 그 존재를 생각하면 매우 신기하다. 밤하늘 특정 위치에 별들과는 다른 모습을 가진 천체가 빛나고 있다고 생각해보라. 또 여러 딥스카이 천체들의 다양한 모습들을 비교해보는 것도 재미있을 것이다. 이런 즐거움들이야말로 딥스카이 천체관측의 이유가 될 것이다.

천체관측 입문서들을 읽다 보면, 저마다의 장단점이 느껴진다. 어떤 책들은 기초적인 이론들은 잘 설명되어 있지만 실제적인 관측 가이드 자체가 부재한 경우도 있다. 또 다른 책들은 관측에 대해서는 자세히 기술되어 있지만 천체에 대한 천문학적인 설명은 다소 아쉬운 면이 있었다. 특히 대부분의 책들은, 초보자들이 천체를 쉽고 정확하게 찾을 수 있는 팁들이 구체적으로 기술되어 있지 않았다. 또한 설사 구체적으로 기술된다 하더라도, 오랜 경력을 가진 관측자의 기준으로만 서술되어 있어 청소년과 같은 초보자들이 이해하기에는 다소 괴리감이 느껴질 것이다. 필자 또한 관측을 배워나갈 때 이러한 어려움에 직면했다. 그래서 이러한 경험을 바탕으로 초보자들도 쉽게 이해할 수 있는 나름의 방법을 전달하고자 노력하였다.

마지막으로 관측 실력을 키우는 가장 빠른 방법은 밤하늘에 대해 관심을 갖고 즐겨야 한다고 말하고 싶다. 필자도 처음 천체관측을 할 때, 밤 산책을 나올 때마다 쌍안경으로 하늘을 보고 인터넷과 책으로도 밤하늘과 관련된 내용들을 끊임없이 찾아보는 것을 즐겼었다. 특히 어두운 하늘로 관측여행을 떠나는 것이 아주 큰 도움이 될 것이다. 필자 역시 책을 읽어가며 오리온성운과 플레이아데스성단 등을 제외한 메시에 천체로는 처음으로 보데/시가 은하를 찾아보고, 어두운 하늘에 가서 다양한 메시에 천체들을 돕소니언으로 찾아보면서 관측 실력이 크게 향상할 수 있었다. 그때의 경험들을 고스란히 이 책에 담아보려고 노력했다. 밤하늘을 사랑하는 친구들에게 이 책이 작은 도움이라도 되길 바란다.

게임만큼 재있는 스타 호핑

최승규

이 책을 고른 독자는 필시 천문에 관심이 많거나 아름다운 천체의 모습을 보는 것에 감명받은 사람일 것이다. 필자도 그러했다. 어릴 때, 그러니까 중학생 때쯤 처음 천문의 매력에 푹 빠지게 되었고, 망원경 너머로만 볼 수 있는 아름다운 세상에 대한 동경심이 생겼다. 그 꿈을 가지고 진학한 고등학교 생활에서 천문은 내 학창 시절의 주를 이뤘다.

책을 공동 집필한 윤관우 군, 김태호 군은 고등학교 시절에 함께 천문에 대한 관심을 갖고 같이 공부하는 과정에서 만나게 된

은인이다. 이들은 천문에 대해 그 누구보다도 전문적인 지식을 가지고 있으며, 천체관측 활동을 활발히 하는 사람 중 하나이다. 이들과는 다르게 필자는 천체관측에 대한 지식은 전무한 수준이고, 장비가 잘 갖춰져 있지 않은 환경에서 관측 활동을 전전긍긍해 왔다. 연구용 망원경을 제외하고 사용해본 장비 중 가장 좋은 것은 12인치 돕소니언 망원경이었다. 물론 이 망원경도 사양은 꽤 괜찮았지만 개인 장비가 아니라 학교 장비였기에 자유로이 쓰기는 힘들었다. 솔직하게 밝히자면, 천체관측에 대해 전문적으로 공부해본 경험은 전혀 없다. 필자가 원했던 방향은 학문 분야로서의 천문이지, 천체관측을 주로 하는 방향을 진로로 삼을 생각이 없었기 때문이다. 그럼에도 내가 책의 공동 저자로 발탁될 수 있었던 것은 아무래도 이러한 환경에서도 천체관측 활동을 열심히 이어나갔기 때문이 아닐까 싶다. 제한적인 환경에서도 열심히 했었던 관측 활동들은 너무나도 재미가 있었다.

본 도서에 나와 있는 내용 중 필자가 집필한 부분은 내가 천문에 관심을 두고 처음으로 천체를 찾아보고자 할 때 겪었던 어려움을 바탕으로 만들어졌다. 특히 'Star Hopping'이라는 기술은 처음 천체관측을 접해본 사람이라면 다소 생소하게 들릴 수 있는 용어이다. 새로운 내용이 누구에게나 어렵게 보이듯이 이 방법의 이름만 들어서는 어렵게 들릴지도 모른다. 하지만 나는 확신한다. 독자들이 이 책에 소개된 천체 탐색 방법을 숙지하기만 한다면, 책에 나온 메시에 카탈로그 천체 이외에도 다양한 천체를 찾을 수 있는 능력이 생길 것이다. 필자 또한 이 책에서 소개한 방법을 바탕으로 생소한 천체도 쉽고 빠르게 찾을 수 있었으며, 혼자만 알고 있기에는 아까운 방법이다 보니 노하우를 누군가에게는 전수해주고 싶었다. 실제로 이 방법을 천문 공부를 하는 학교 후배들에게도 소개해 주었고, 많은 학생이 천체관측에 대한 흥미와 재미를 느끼게 되었다고 내게 말해줬다.

 필자는 더 이상 천문의 길을 걷지 않는다. 학창 시절부터 그려왔던 천문학자의 꿈은 현실에 부딪혀 대학 생활 동안 바뀌게 되었다. 그러나 진로가 바뀌었음에도 한 가지 확실히 드는 생각이 있다면, 천체관측만큼 아름답고 고상하며 감동적이면서 무엇보다도 이만큼이나 재미있고 중독성이 강한 취미가 없다는 것이다. 한마디로, 이보다 좋은 취미는 없을 것이다. 여름에는 땀을 뻘뻘 흘려가며, 겨울에는 추위 속에 벌벌 떨면서 고생 끝에 보게 되는 하나의 아름다운 오브젝트는 이루 말할 수 없는 벅찬 감동을 우리에게, 그것도 야밤중에 선사한다. 필자는 여러분이 이 책을 통해 조금이라도 더욱 천체관측에 대한 관심을 갖고 그것을 하나의 취미로 자리 잡을 수 있었으면 하는 바람이 있다. 이러한 취미를 가진 사람들이 더욱 많이 모여 나중에는 천체관측이 게임과 스포츠만큼이나 누구나 즐길 수 있는 취미로 인식되기를 조금이나마 소망해본다.

Messier guide

2

메시에
카탈로그

칠흑 같은 밤하늘을 빼곡하게 수놓은 보석 같은 별천지. 아득한 우주에 펼쳐진 무수한 별들은 단지 올려다보는 것만으로도 그 변화무쌍하고 역동적인 매력을 느낄 수 있다. 특히 한여름 밤, 지평선을 연결하듯 머리 위를 가로지르는 밝은  은하수는 우리 인간의 상상계를 무한히 확장해준다.

이 은하수는 우리 태양계가 소속된 소용돌이 모양의 은하계 팔 부분에 있는 별들인데, 자세히 살펴보면 은하수 주변이나 밤하늘 곳곳에 이처럼 희미한 별들의 집단이 있다는 것을 알게 된다. 어떤 것은 수십 개에서 수백 개에 이르는 어린 별들이 중력적으로 느슨하게 흩어지고 펼쳐져 있으며, 어떤 것은 수만 개에서 수백만 개의 늙은 별들이 중력에 의해 단단히 공처럼 뭉쳐져 있다. 이런 것들을 각각 산개성단과 구상성단이라고 부른다.

가을철 별자리인 안드로메다자리에도, 뭔가 희미한 솜사탕 같은 덩어리를 볼 수 있는데 그것이 바로 잘 알려진 '안드로메다(Andromeda)은하'이다. 또한 겨울철 대표적인 별자리인 오리온자리의 세 별 바로 남쪽에는 가스와 먼지들이 근처의 별빛을 영롱하게 빛나게 한다.

이처럼 메시에 카탈로그는 크게 8가지의 천체로 구성되어 있다. M6, M7, M11, M18, M21, M23, M25, M26, M29, M34, M35, M36, M37, M38, M39, M41, M44, M45, M46, M47, M48, M50, M52, M67, M93, M103과 같은 산개성단(Open Clusters), M2, M3, M4, M5, M9, M10, M12, M13, M14, M15, M19, M22, M28, M30, M53, M54, M55, M56, M62, M68, M69, M70, M71, M72, M75, M79, M80, M92, M107과 같은 구상성단(Globular Cluster), M8, M16, M17, M20의 붉은색 부분, M42, M43 같은 전리수소 영역(H II region),

M20의 푸른색 영역, M78, M45 주변의 푸른색 영역같은 반사
성운(Reflection Nebula), M27, M57, M76, M97과 같은 행성상
성운(Planetary Nebulae), M31, M32, M33, M49, M51, M58,
M59, M60, M61, M63, M64, M65, M66, M74, M77, M81,
M82, M83, M84, M85, M86, M87, M88, M89, M90, M91,
M94, M95, M96, M98, M99, M100, M101, M102 (NGC
5866), M104, M105, M106, M108, M109, M110과 같은 은
하(Galaxy)와 M40과 같은 이중성(Double Stars) 그리고 하나뿐인
초신성잔해(Supernova remnant, SNR) M1이 그것이다. 이들에 관
해서는 천체이론 편에서 자세히 다루고 있다.

  18세기 당시 천문학자들 사이에서 인기 있는 혜성 사냥꾼이
었던 샤를 메시에(Charles Messier: 1730.6.26~1817.4.12)는 성운
과 성단 같은 대상들이 혜성을 찾는 데 방해가 된다고 생각하
였고 마침내 1764년 초부터 보다 효율적인 혜성 관측을 위해
이러한 천체의 리스트를 만들기 시작했다. 그리고 1764년 말
M1~M40까지의 총 40개의 메시에 천체 목록을 정리하였다.
그리고 1765년에 큰개자리(Canis Major)에서 M41을 발견한 메
시에는 리스트를 45개로 늘리기로 결심하고 M42, M43, M44,
M45을 각각 추가하였다.

  사실 M45의 경우에는 혜성으로 혼동할 수 없는 대상까지도

억지로 추가한 인상을 준다. 메시에 자신이 보기에 뭔가 그 대상을 45개 정도로 늘여야 한다는 강박관념에 사로잡힌 건 아닌가 하는 주장도 존재하지만 그만큼 이 심우주 천체의 매력에 깊이 빠진 탓으로 생각된다.

1774년 그는 1765년까지 정리한 45개의 성운과 성단, 은하 등의 목록을 한곳에 모아 출간한다. 이후 1781년, 58개의 대상을 추가하여 최종 103개의 대상으로 이뤄진 메시에 목록을 완성하기에 이르게 된다.

1769년부터 잇달아 혜성을 발견한 메시에는 이런저런 공적을 인정받아 베를린 과학 아카데미 회원이 되고 1770년에 발견한 혜성으로 인해 파리 학사원의 정규 회원이 되는 명예도 얻게 되었다.

1771년 메시에 천체 목록 제1권(M1~M45), 1781년에 제2권(M46~M68), 1784년 제3권(M69~M103)을 각각 발표하는 등 오로지 혜성 발견에 일생을 바치며 거대한 업적을 세운 메시에는 1817년 4월, 87세의 일기로 생애를 마치게 된다.

메시에 카탈로그로 발표된 성운 성단은 모두 103개인데 현재는 M104부터 M110까지 추가되어 최종 110개 대상으로 최종 정리되었다. 이 가운데 M104에 대해서는 메시에 자신이 카탈로그에 추가하려던 흔적이 남아 있고, M105부터 M109까지는 실제로 피에르 메샹(Pierre Méchain: 1744.8.16~1804.9.20)이 관측한 대상인데 20세기 중반이 되어서야 추가되었다. 또한 1784년에 발표된 제3권 중에도 메샹에 의해서 발견된 약 20개의 대상이 포함되어 있다.

마지막 M110은 사실 메시에가 M31을 관측했을 때 이미 기록으로 남겨두었으므로 1966년에 추가되었다. NGC 205라는 별칭을 가진 M110은 M31과 워낙 가까이 있어 안드로메다 위성은하라고도 불린다.

그런데 110개의 천체 중에는 그 위치가 애매한 천체가 5개 있다. M40, M47, M48, M91, M102가 그것인데, 그 가운데 M47은 이후 NGC 2422, M48은 NGC 2548로 확인되었다. 하지만 M40은 큰곰자리에 있는 이중성으로서, 원래 메시에 목록의 취지가 혜성과 헷갈리는 성운과 성단의 목록임을 생각한다면 다소 생뚱맞은 대상인 셈이다. 그리고 M102는 M101을 잘못 파악했거나 NGC 5866일 것으로 추측할 뿐 미지의 대상으로 알려지면서 결국엔 카탈로그에서 삭제되었다. 하지만 현재는 NGC 5866을 M102로 설명하고 있다. 마지막으로 M91은 메시에가 1781년 3월 18일 발견 당시, "별이 없는 성운으로서 M90보다 어둡다."고 분명히 기록했음에도 불구하고 M58과 M87의 위치를 혼동하는 바람에 정작 M91의 좌표는 오기되었던 것이다. 이후 무수한 의혹들을 남기다 1968년 윌리엄(William C. Williams)이 발견한 NGC 4548이 결국 M91이라는 것으로 공식적으로 인정받게 되었다. 결국 엄밀히 말해서 메시에 목록 110개 가운데 그 위치가 명백한 대상은 107개인 셈이다.

아마추어 천문가들은 M1부터 M110까지의 모든 메시에 카탈로그를 호핑하며 관찰하는 것을 일종의 통과의례로 생각하는데 이것을 '메시에 마라톤'이라고 한다. 그 옛날 18세기 작은 망원경으로 혜성을 쫓아다니던 메시에에게 우주는 어떤 의미였을까? 볼수록 날마다 새롭게 나타나던 천체들을 정리하면서 무슨 생각을 했을까? 이 메시에 가이드가 독자들의 메시에 마라톤 완주에 작은 보탬이 되길 소망한다.

Messier guide

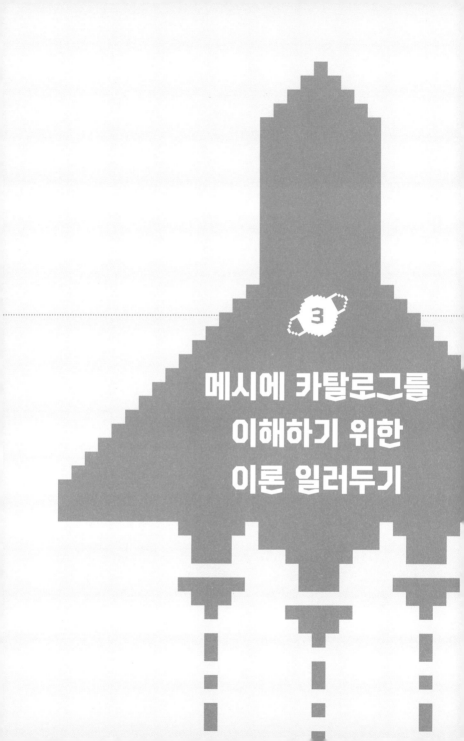

3

메시에 카탈로그를
이해하기 위한
이론 일러두기

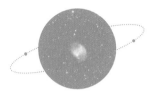

메시에 목록을 구성하고 있는
천체의 종류

앞서 설명한 것처럼 오기되어 있는 천체를 제외하면, 메시에 목록의 대부분은 성운, 성단, 은하들로 구성되어 있다. 하지만 소형 망원경으로 이들을 실제 관측해 본다면 혜성과 마찬가지로 뿌옇고 흐릿하게 관측된다. 그렇기 때문에 샤를 메시에가 기록한 내용을 보면 지금 알려져 있는 것과 다르게 분류되어 있기도 하다. 메시에 가이드를 본격적으로 읽기 전에 목록을 구성하고 있는 성운, 성단, 은하가 무엇인지 정확히 알아보자.

성운

──────────── - - - 성간 기체와 먼지들이 주위에 비해 비교적 높은 밀도로 모여 있는 천체로, 그 모습이 구름 같다 하여 '성운'이라 불린다. 이 '성운'은 전리수소영역, 반사성운, 암흑성운, 행성상성운, 초신성잔해로 분류된다.

성운의 분류

전리수소영역은 뜨거운 별의 복사가 주위 수소 기체를 전리시키는 일련의 과정을 통해서 빛을 내는 발광성운의 일종이다. 별이 내는 복사에 의해 수소가 전리되는 현상과 재결합하는 현상이 평형을 이루는 곳은 별 주위에 구 형태로 나타나는데, 이를 스트룀그렌 구(Strömgren sphere)라고 한다. 수소 원자에서 전자가 특정 에너지 준위들 사이를 이동할 때 빛을 흡수 또는 방출한다. 이러한 과정에서 방출된 빛이 전리수소영역이 내는 빛이다. 이런 빛의 파장은 원자의 종류와 그 빛이 발생한 에너지 준위에 따라 결정되는데, 사진에서 나타나는 전리수소영역의 특징적인 붉은색은 H—alpha라는 656.3nm의 파장을 갖는 수소가 내는 특정한 빛에서 기인하는 것이다. 메시에 목록의 오리온 대성운 등이 전리수소영역에 해당한다. 이러한 성운들에서는 별들이 그 기체들 가운데에서 태어나는, 별 탄생 영역이 존재한다.

* **전리수소영역에 해당하는 메시에 목록:**
  M8, M16, M17, M20의 붉은색 부분, M42, M43.

대표적인 전리수소영역 M42 오리온 대성운의 모습이다.

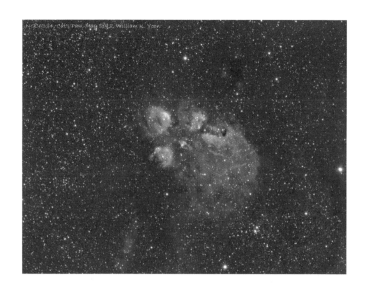

NGC6334, Cat's Paw, May 2018, William K. Yoon

　은하수 중심부에 위치한 전리수소영역, NGC 6334 고양이
발 성운이다.

　반면 반사성운은 우주 공간의 가스나 티끌이 주위 별빛을 산
란시켜 그 존재를 인지하게 되는 천체이다. 즉, 전리수소영역
등 발광성운을 형광등이라고 생각하면 반사성운은 빛에 반사
되어 우리 눈에 보이는 물체라고 생각할 수 있다. 따라서 관측
되는 색상이 저마다 다른 경향이 있는데, 푸른색 계열의 반사
성운을 많이 볼 수 있다. 빛은 파장이 짧을수록 더욱 많이 산란
되기 때문에 푸른색 빛이 많이 산란되어 반사성운이 파랗게 관
측되는 것이다.

반사성운에 해당하는 메시에 목록: M20의 푸른색 영역,
M78, M45 주변의 푸른색 영역

　　M78의 중심부에서 푸른색으로 빛나는 반사성운의 모습을
볼 수 있다.

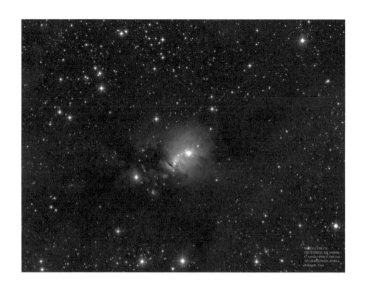

    NGC 1333의 중심부에서도 역시 푸른빛으로 빛나는 반사성운을 볼 수 있다.

    만약 성간물질이 매우 짙게 있다면, 그 뒤의 별빛을 가려 검은색 얼룩처럼 관측되는데 이러한 성운들을 암흑성운이라고 한다. 메시에 목록은 아니지만 대표적으로 말머리성운이 있다.

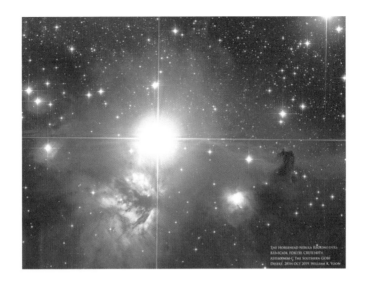

    말머리성운의 말머리에 해당하는 어두운 부분이 암흑성운 Barnard 33이다.

    위의 성운들과는 조금 다른 성운들 역시 존재한다. 행성상성운과 초신성잔해가 그것들이다. 행성상성운은 태양 정도의 질량을 갖는 항성들이 말년에 중심부는 수축하여 백색왜성이 되고 겉 부분을 날려버리면서 생기는 성운이다. 행성상성운은 날아간 별의 바깥 부분이 중심성에서 나오는 뜨거운 복사에 의해 전리되어 관측되는 발광성운으로 기본적인 복사기작은 전리수소영역과 같다. 초신성잔해는 말 그대로 태양보다 무거운 별들이 말년에 폭발하면서 남긴 잔해이다.

* **행성상성운에 해당하는 메시에 목록:** M27, M57, M76, M97

* **초신성잔해에 해당하는 메시에 목록:** M1

Sh2-174 발렌타인로즈 성운은 매우 어두운 행성상성운이다.

NGC 6992 동베일성운, 초신성잔해의 모습이다.

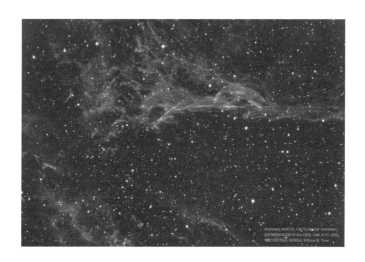

서베일성운 근처의 초신성잔해 NGC 6974이다.

성운 관측 Tips

- 어두운 하늘에서 관측하기
- 성운이 세부 구조를 관측하고 다른 성운들과 비교하기
- 전리수소영역의 특징적인 모습 관측해보기: 복잡한 세부 구조가 보이는 뿌연 천체를 관측해보자.
- 행성상성운의 특징적인 모습 관측해보기: 크기는 비교적 작고 표면 밝기는 꽤 밝은 성운으로 고리 성운과 같이 고리 모양의 성운부터 아령 성운과 같은 천체까지 다양한 모양을 갖추고 있다.
- 행성상성운의 중심성 찾아보기
- 쌍안경으로 은하수 속의 암흑성운들 탐색해보기
- 오리온 대성운의 푸른색 색감 관측해보기(후술하였지만, 우리 눈은 장파장의 어두운 빛을 잘 감지하지 못하기 때문에 성운의 색을 관측한다 해도 주로 푸른색 빛만을 보게 된다)
- 성운 필터를 사용하여 관측하기(성운의 복사기작에 따라, 성운이 내는 빛은 몇몇 파장으로 특정되어 있다. 이들 파장의 빛만 통과시키는 필터를 사용하면 다른 잡광은 차단하고 성운의 빛만을 적은 손실로 관측할 수 있게 해준다. 안시관측에서는 UHC, OⅢ 필터 등이 효과적이고 사진관측에서는 H-a, OⅢ 필터 등이 효과적이다. 일부 성운에 대해서는 H-beta이 안시관측에서 효과적이라고 한다. 다만, H-a필터와 같이 장파장의 빛을 통과시키는 필터는 안시관측에 부적합하다. 그 이유는 우리 눈이 어두운 장파장의 빛을 잘 감지하지 못하기 때문이다)

성단

별들이 한 공간에 많이 모여 있는 천체로 별들의 무리이다. 푸른색의 비교적 젊은 별들이 느슨하게 모여 있는 산개성단과 비교적 노란색의 나이가 많은 별들이 구형으로 매우 많이 밀집해있는 구상성단으로 나뉜다.

성단의 분류

산개성단의 경우, 대부분 뜨겁고 젊은 별들로 이루어져 있으며 도시에서도 관측이 수월하다. 성운이나 은하와 같은 천체는 넓은 공간에 흐릿하게 퍼져 있기 때문에 전체의 광도가 밝아도 표면 밝기가 낮아 관측하기가 어려운데, 산개성단은 각각의 별들이 점광원이어서 이런 문제가 생기지 않는다. 별들이 아주 많이 보이는 산개성단은 밤하늘 전체에서도 손에 꼽히는 볼거리이지만, 대부분의 산개성단은 별들의 개수나 밀집도 면에서 그리 인상적인 모습을 보여주지 않는다. 산개성단은 비슷한 시기, 장소에서 태어난 별들로 이루어진 성단으로 별의 진화와 관련해서 많은 정보를 알려준다. 성단의 H-R도를 통해서 성단의 나이를 추정할 수 있으며, 가까운 성단의 경우 운동성단법이라는 방법으로 성단까지의 거리를 계산할 수도 있다.

✳ **산개성단에 해당하는 메시에 목록:**

M6, M7, M11, M18, M21, M23, M25, M26, M29, M34, M35, M36, M37, M38, M39, M41, M44, M45, M46, M47, M48, M50, M52, M67, M93, M103

산개성단 M41의 모습이다.

　구상성단은 산개성단과는 반대로 대부분 늙은 별들로 구성
되어 있으며, 도시에서 소구경의 망원경으로 관측하면 단순히
뿌연 공 모양으로 관측된다. 이 때문에 샤를 메시에가 메시에
목록을 작성할 때 성운으로 오해하는 경우가 매우 많았다. 하
지만 소구경의 망원경으로도 성운이나 별들과는 확연히 다른
모습을 보여주기 때문에 관측할 만하다. 만약 어두운 곳에서
구경이 뒷받침되는 망원경을 사용한다면 그 어느 천체보다 멋
있는 모습을 보여줄 것이다. 수많은 별들이 가장자리에서부터
분해되는 모습이 구상성단의 매력이라고 할 수 있다.

＊ **구상성단에 해당하는 메시에 목록:**

M2, M3, M4, M5, M9, M10, M12, M13, M14, M15, M19, M22, M28, M30, M53, M54, M55, M56, M62, M68, M69, M70, M71, M72, M75, M79, M80, M92, M107

우리 은하에서 가장 거대한 구상성단인 오메가 센타우리의 웅장한 모습이다.

* **산개성단은 아니지만 별들로 구성된 천체**

    (은하수의 별구름, 이중성, 성군): M24, M40, M73

성단의 세부분류

– 산개성단: Trumpler의 분류 → 밀집도에 따라 I~V(숫자가
  높을수록 중심부에 대한 밀집도가 낮다), 별들의 밝기 분포에 따라
  1~3(숫자가 높을수록 항성 밝기의 범위가 넓다), 별들의 개수에 따
  라 p, m, r(r이 가장 별의 개수가 많고 p가 별의 개수가 가장 적다)로 분
  류된다. 만약 성단에서 성운기가 관측된다면 n이 추가된다.
– 구상성단: Shapley-Sawyer 집중도 분류 → 중심에 대한
  밀집도에 따라 I~XII로 분류되며 숫자가 낮을수록 더욱 중
  심부로 별들이 집중된 구상성단이다.

성단 관측 Tips

▪ 밝은 산개성단의 경우, 별들의 색을 비교해보자.

▪ 구상성단의 별 분해해서 관측해보기

▪ 구상성단 내에서 보이는 세밀한 명암 찾아보기

▪ 산개성단 별 다양한 모습 비교해보기

▪ 밀집도, 밝기 등에 따라 성단을 분류해보고 실제 분류와 비교해보기

은하

─────── - - - 행성과 항성부터, 위에서 설명한 성운이나 성단까지 모두가 중력적으로 묶인 거대한 천체를 은하라고 한다. 이 은하들이 모여 은하단이 되고, 은하단들이 모여 초은하단, 더 나아가서 우주의 거대 구조를 만들어낸다. 우리 역시 우리 은하라는 은하의 나선팔 한곳에 살고 있고, 우리 은하 근처에는 유명한 안드로메다은하(가장 밝게 보이는 외부은하)와 삼각형자리 은하(어두운 하늘에서는 맨눈으로 보인다고는 하지만, 표면 밝기가 낮아 관측이 까다로운 은하) 등 외부은하들이 있다. 멀리 나가면 얼마 전 블랙홀의 그림자 사진이 최초로 촬영된 M87, 솜브레로 모습의 M104, 두 은하가 충돌하고 있는 M51 부자은하 등 다양한 모습의 은하들이 있으며 아주 먼 은하단에서는 중력렌즈 현상

과 우주 초기의 은하들을 관측할 수도 있다. 우리가 관측할 수 있는 영역에서, 은하의 구조는 중심부의 핵과 그 주위를 둘러싸는 나선팔(나선은하의 경우), 그리고 은하를 감싸는 헤일로 등으로 구성된다. 나선팔에는 성간물질들이 많이 있어서 산개성단이나 성운들을 볼 수 있으며, 헤일로에는 구상성단들이 주로 위치해 있다. 하지만 이런 성단과 항성 중 우리 눈에 보이는 일반적인 물질(baryonic matter)은 우주 전체의 5% 정도로 매우 적다. 95%에 해당하는 나머지는 그 실체가 명확히 알려지지 않은 암흑물질과 암흑에너지가 차지하고 있다. 뿐만 아니라, 은하 내의 별 형성 과정이나 은하의 진화 과정 등은 앞으로 연구해야 할 것이 매우 많은 천문학 분야이기도 하다.

* **메시에 목록의 은하들:**

  M31, M32, M33, M49, M51, M58, M59, M60, M61, M63, M64, M65, M66, M74, M77, M81, M82, M83, M84, M85, M86, M87, M88, M89, M90, M91, M94, M95, M96, M98, M99, M100, M101, M102(NGC 5866), M104, M105, M106, M108, M109, M110

은하의 분류

- 주로 허블의 은하 분류에 의해 분류한다. 타원은하는 E0~E7(숫자는 편평도에 따라 결정된다: 숫자는 (1−단축/장축) x 10 에 해당하는 값을 사용한다. 즉, 편평도가 클수록 숫자도 커진다), 렌즈형은하는 S0, 나선은하는 Sx(막대나선은하의 경우 SBx)로 분류한다(x에는 나선팔이 감겨 있는 정도에 따라 a,b,c(d까지 포함되는 경우도 있으나, 이는 허블의 은하 분류를 기반으로 더욱 보충된 de Vaucouleurs의 분류에서 등장하는 분류 방법이다) 알파벳이 붙으며 뒤로 갈수록 나선팔이 느슨하게 감겨 있다). 여기에 해당하지 않는, 불규칙은하들은 Irr로 표시한다.

- 타원은하: 타원형의 은하로 E에 해당한다(다만, E4~E7형의 은하들은 우리의 시선 각도의 영향을 받아 잘못 분류된 렌즈형은하라고도 한다). 타원은하들은 성간물질이 적고 별 탄생이 적게 일어나며, 나이가 많은 은하들이다(최근의 연구에서는 일부 타원은하들의 내부에서는 기체가 존재하지만 별 탄생이 저조하게 일어난다고도 한다). M87 같은 타원은하의 중심부에서는 매우 큰 블랙홀이 발견되기도 한다. 페이버−잭슨 관계(나선은하에 적용되는 툴리 피셔의 관계보다는 덜 유명하다)를 이용해서 타원은하 내의 속도분산을 통해 은하까지의 거리를 측정할 수 있다.

안드로메다은하 M31 주변의 두 은하 M32, M110이 타원은
하이다.

– 나선은하: 나선팔이 있는 은하로 허블의 은하 분류에서는
S로 표시된다. 나선팔에는 성간물질이 많이 있어서 성단과
성운들이 존재하며, 은하를 둘러싸는 헤일로에는 구상성단
들이 존재한다. 중심부에서 막대 구조가 발견이 된다면 SB
형의 막대나선은하로 분류가 되는데, 우리 은하 역시 막대
나선은하이다. 지구에서 관측했을 때, 은하 중심 방향으로
는 성간물질이 많이 있어서 광학적 불투명도가 높지만, 은
하의 북극/남극 방향으로는 비교적 투명하게 우리 은하 외

부를 관측할 수 있다(은하면을 따라서는 별들과 성간물질들의 띠인 은하수가 관측되고, 은하수 바깥쪽에서는 구상성단들과 외부은하들이 관측된다). 나선팔의 회전 속도를 통해 은하의 고유 광도와 더욱 나아가 은하까지의 거리를 알 수 있는 툴리−피셔 관계가 나선은하에 적용된다.

성간물질에 가려져 그 모습을 쉽게 볼 수 없는 나선은하 IC342이다.

- 불규칙은하: 특별한 형
- 태가 잡혀있지 않은, 말 그대로 불규칙한 형태의 은하이
  다. 구체적으로는 Irr I형 은하와 Irr II형 은하, dIrr형 은하

로 분류되는데 Irr I형 은하는 구조가 조금 관측되기는 하나, 허블의 은하 분류에 분류할 정도는 아닌 은하들이고 Irr II형 은하들은 허블의 은하 분류에 속할만한 어떠한 구조도 관측되지 않는 은하들이다. dIrr형 은하들은 왜소 불규칙은하에 해당하는데, 우주 초기에 존재했을 은하들과 유사할 것으로 추측되어 우주 진화 연구에 중요하게 다뤄진다.

* 마젤란형 나선은하: 일부 나선구조가 관측되는 Irr I형 은하는 Sm형 은하로 분류되는데, 이들은 마젤란형 나선은하이다(반면 나선구조가 없는 Irr I형 은하는 Im형 은하로 분류된다). 대체로 왜소은하이며, 불규칙은하와 왜소나선은하 중간 정도에 해당하는 은하이다.

버나드은하 NGC 6822의 모습이다.

대마젤란은하이다. 은하 내부에서 거대한 성운이 관측된다.

* 나선은하를 더 구체적으로 분류한다면, 막대가 없는 정상
나선은하(SAx로 표시)와 막대나선은하(SBx), 그리고 그 중간
단계의 SABx형 은하로도 분류할 수 있다(마젤란형 나선은하도
SAm, SABm, SBm형 은하로 분류할 수 있으며 대마젤란은은 SBm
형 은하이다).

이 외에도 고리 형태의 은하(ring galaxies), 충돌하고 있는 은
하, Seyfert 은하나 전파은하와 같은 활동성 은하핵(AGN)을 가
진 은하들도 존재한다. 또한, 조금은 결이 다르지만 외부은하
를 이야기할 때 빼먹을 수 없는 블랙홀이나 퀘이사, blazar 등
역시 중요한 연구대상이 된다.

M51, Whirlpool Galaxy, May 2018, William K. Yoon

두 은하가 충돌하는 모습이 마치 아버지와 아들 같아 부자은
하라고 불리는 M51의 모습이다.

은하 관측 Tips

- 여러 은하들의 다양한 모습 비교해보기

  (다양한 타원은하, 나선은하, 불규칙은하들을 관측해보자)

- 타원은하의 경우, 은하의 편평도 비교해보기

- 나선은하의 경우, 은하 나선팔 관측해보기

- 대구경 망원경으로는 은하 내의 산개성단이나 성운 관측해보기

  (추천: M31 내부의 NGC 206, M33 내부의 NGC 604)

- 은하단의 많은 은하들 관측해보기

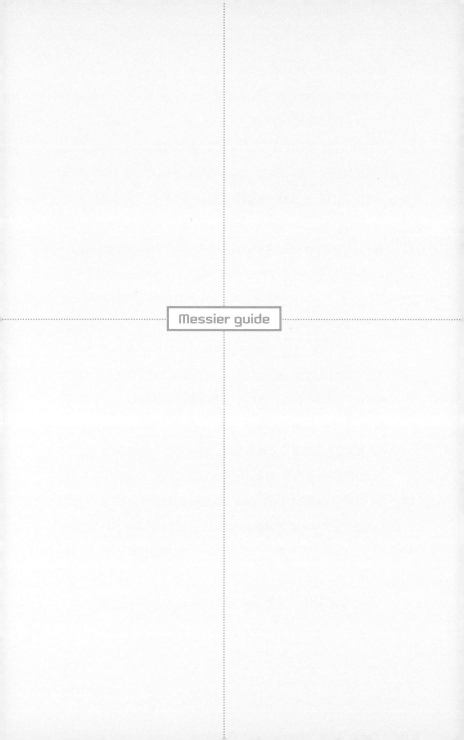

Messier guide

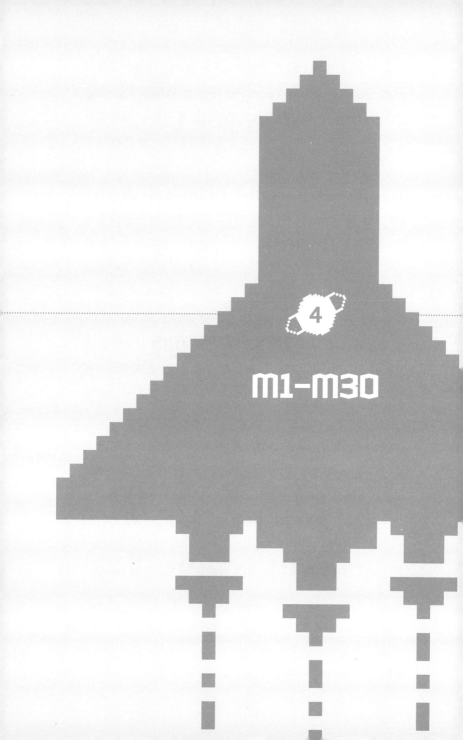

4

M1-M30

Messier 1
(Crab Nebula)

Messier guide

메시에 목록의 유일한 초신성

분류: 초신성잔해

소속: 황소자리(Taurus)

겉보기 등급: 8.40

적경/적위: 5h 35m 40.29s / +22° 01′ 28.5″

거리: 2.0 kpc

각크기: 6.0′ x 4.0′

관측 시기: 겨울

추천 – 안시: ★★☆☆☆, **사진:** ★★★★☆

"1758년 9월 12일,

타우루스의 남쪽 뿔 위에 있는 성운, 별은 전혀 보이지 않는다. 1758년 혜성을 관찰하다가 발견했는데, 촛불의 불꽃처럼 길게 늘어선 희뿌연 빛으로 보인다."

『Mémoires de l'Academie』

1054년 6월 대낮의 새파란 하늘에서도 보일 정도로 밝은 초신성이 출현했다. 이는 인류 역사상 최초로 기록된 초신성 폭발이다. 그로부터 수백 년 만에 이 초신성 폭발의 잔해가 우주 공간으로 끊임없이 퍼져나가는 모습이 발견된 것이다. M1은 메시에 카탈로그의 제1번에 등록되어 있다. '게성운'이란 별명은 필라멘트와 같은 모양으로 둘러싸인 성운의 형태가 게의 다리를 잡아당긴 모습과 닮은 데서 유래한다.

1. 호핑 별 정보

1) ζ Tau

123 Tau, HIP 26451

분류: 변광성

겉보기 등급: 2.95

절대 등급: −2.72

적경/적위: 5h 38m 46.61s / +21° 09′ 04.1″

거리: 444.96ly

시차: 0.00733″

분광형: B1IV

2) o Tau

114 Tau, HIP 25539

분류: 쌍성

겉보기 등급: 4.85

절대 등급: −1.56

적경/적위: 5h 28m 46.37s / +21° 57′ 00.6″

거리: 624.82ly

분광형: B2.5IV

3) 119 Tau(Ruby Star)

CE Tau, HIP 25945

분류: 맥동변광성

겉보기 등급: 4.30

절대 등급: −4.40

적경/적위: 5h 33m 19.39s / +18° 36′ 19.3″

거리: 1792.07ly

분광형: M2I

4) α Tau(Aldebaran, 알데바란)

87 Tau, HIP 21421

분류: 변광성, 쌍성

겉보기 등급: 0.85

절대 등급: −0.70

적경/적위: 4h 37m 0.54s / +16° 32′ 40.5″

거리: 66.64ly

시차: 0.04894″

분광형: K5III

2. 호핑 방법

1) ζ Tau를 찾는다. ζ Tau를 못 찾겠다면 아래의 그림을 보고 참고한다.

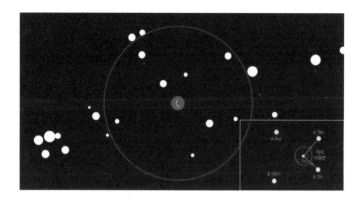

2) 아래 그림처럼 α Tau 방향으로 파인더를 조금 옮기다 보
면, ζ Tau와 함께 1번과 2번 별이 시야에 함께 들어온다. 그러
면 파인더 시야를 ζ Tau와 1번 별 중앙쯤에 갖다 놓는다.

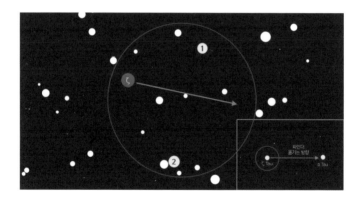

3) 그렇게 한 후 2번 별 반대 방향으로 파인더를 살짝 위로
올리면 M1을 주경에서 관측할 수 있다. 얼마나 올려야 하는가

는 감각으로 직접 익히는 수밖에 없다.

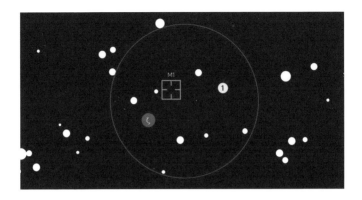

3. 볼거리

처음 관측했을 때 사진과 크게 다른 모습에 많이 실망한 대
상이다. 하지만 심도 있게 관측하면 그 매력을 느낄 수 있을 것
이다. M1은 겉보기 크기가 5′ 정도의 작은 천체이다. 작은 소
구경의 천체 망원경에서는 뿌연 먼지 덩어리 정도로만 보인다.
M1은 확실히 중소구경으로 바라볼 때는 우주를 항해하는 큰
물체처럼 보이며 대구경의 망원경을 사용하여 약간 높은 배율
로 관찰해야만 그 속의 구조물을 확인할 수 있다. M1은 초신성
잔해이지만, 그중 작고 밝은 편이라 행성상성운을 관찰할 때처
럼 약간 높은 배율로 관찰해보는 것도 추천한다. 행성상성운은

조금 배율을 높여도 관찰하는 데 별 어려움이 없다. 게성운과 행성상성운은 특정 파장의 빛을 발하고 있어서 광해차단 필터를 사용하면 효과적으로 도시 불빛의 영향을 억제하며 관찰할 수 있다. 이 대상에는 OIII필터가 효과적이다.

4. 찍을 거리

M1은 디지털카메라와 표준 렌즈로 촬영한 사진에서도 그곳에 있음을 확인할 수 있다. 필라멘트가 둘러싼 모습을 자세히 파악하기 위해서는 초점 거리 1,000mm 정도에서도 작게 찍히므로 2,000mm 이상의 초점 거리를 가진 망원경으로 촬영할 것을 추천한다. 이러한 초신성잔해는 수년 동안 같은 장비로 촬영을 계속하면 점점 퍼져가는 모습을 기록할 수 있다는 것이 매력적이다. 특히 M1은 그 속의 회전하는 펄사로 인한 움직임도 볼 수 있다.

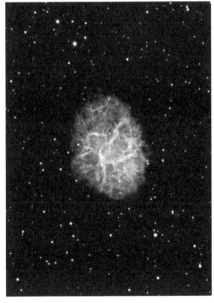

Messier 2

물병자리 밝은 구상성단

분류: 구상성단

소속: 물병자리(Aquarius)

겉보기 등급: 6.30

적경/적위: 21h 34m 26.44s / −0° 44′ 10.6″

거리: 10 kpc

각크기: 16.0′

관측 시기: 가을

추천 – 안시: ★★★☆☆, **사진:** ★★☆☆☆

"1760년 9월 11일,

물병자리의 머리에 위치한 별이 없는 성운, 중심은 밝고, 빛은 그 주위를 둥글게 둘러싸고 있다. 그것은 궁수자리의 머리와 활 사이에 위치한 아름다운 성운(M22)을 닮았고, 2피트(610mm)의 망원경으로 매우 잘 관측되며, 물병자리의 알파성과 같은 적위 상에 있다(직경 4′)."

『Mémoires de l'Academie』

구상성단 M2는 천구의 적도 가까이에 위치하며, 적당한 높이에서 자오선을 통과한다. 그런 이유로 관측이나 촬영이 쉬운 천체에 속한다. M2가 위치한 물병자리에는 다른 메시에 천체인 M72와 M73도 있다. 단, M73의 경우에는 매우 적은 수의 별들로 이루어졌고 물리적으로도 연관이 없기 때문에, 실제로는 M2와 M72만 있다고 말하기도 한다. M72 역시 구상성단에 속한다.

1. 호핑 별 정보

1) α Aqr(Sadalmelik)

34 Aqr, HIP 109074

분류: 쌍성

겉보기 등급: 2.95

절대 등급: −3.08

적경/적위: 22h 06m 46.34s / −0° 13′ 30.0″

거리: 523.53ly

시차: 0.00623″

분광형: G2Ib

2) 28 Aqr

HIP 108691

분류: 항성

겉보기 등급: 5.60

절대 등급: −1.11

적경/적위: 22h 02m 4.10s / +0° 41′ 54.7″

거리: 715.26ly

분광형: K2III

3) 32 Aqr

HIP 108991

분류: 항성

겉보기 등급: 5.25

절대 등급: 1.08

적경/적위: 22h 05m 46.79s / −0° 48′ 42.7″

거리: 222.18ly

분광형: A5IV

4) o Aqr

31 Aqr, HIP 108874

분류: 폭발변광성

겉보기 등급: 4.70

절대 등급: −0.93

적경/적위: 22h 04m 18.55s / −2° 03′ 39.9″

거리: 435.46ly

분광형: B7IV

5) 11 Peg

HIP 107575

분류: 항성

겉보기 등급: 5.65

절대 등급: −0.61

적경/적위: 21h 48m 12.53s / +2° 46′ 36.0″

거리: 133.62ly

분광형: A6V

6) 26 Aqr

HIP 107144

분류: 항성

겉보기 등급: 5.65

절대 등급: −2.02

적경/적위: 21h 43m 8.99s / +1° 22′ 28.2″

거리: 1116.97ly

분광형: K2III

7) d Aqr

25 Aqr, HIP 106944

분류: 쌍성

겉보기 등급: 5.10

절대 등급: 0.89

적경/적위: 21h 40m 31.86s / +2° 19′ 54.2″

거리: 226.50ly

분광형: K0III

8) IZ Aqr

HIP 106544

분류: 맥동변광성

겉보기 등급: 6.40

절대 등급: −0.81

적경/적위: 21h 35m 41.52s / +1° 54′ 59.1″

거리: 900.98ly

분광형: M4III

9) HIP 106758

분류: 쌍성

겉보기 등급: 6.20

절대 등급: 0.94

적경/적위: 21h 38m 33.04s / −0° 18′ 09.5″

거리: 368.12ly

분광형: A0IV

10) HIP 105819

분류: 항성

겉보기 등급: 6.45

절대 등급: 2.10

적경/적위: 21h 26m 50.71s / +0° 37′ 09.3″

거리: 242.14ly

분광형: A1V

11) HIP 105864

분류: 항성

겉보기 등급: 6.10

절대 등급: 2.63

적경/적위: 21h 27m 27.10s / +1° 11′ 15.1″

거리: 161.46ly

분광형: F5V

2. 호핑 방법

1) 오른쪽 아래와 같은 방법으로 α Aqr를 찾으면 α Aqr와 함께 1, 2, 3번 별이 보인다.

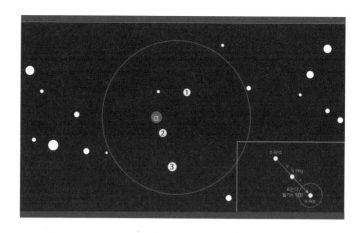

2) α Aqr에서 1번 별로 연장한 방향으로 파인더를 1.5배만
큼 더 움직이면 1번 별과 4번 별이 보인다. 그러면 4번 별로 파
인더 중앙을 옮긴다.

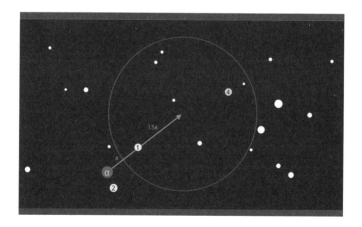

3) 그렇게 하면 4, 5, 6번 별이 같이 보인다. 5, 6번 별을 이은 선의 중점을 지나게 4번 별에서 연장하여 그만큼 더 간다.

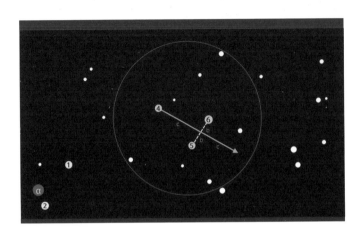

4) 움직이고 나면 7, 8, 9, 10번 별이 보이게 된다. 이때 7번 별에서 대칭축을 하나 그어 8, 10번 별을 대칭의 위치에 두게 하였을 때 9번 별과 M2 역시 같은 대칭축의 대칭된 위치에 있다. 이러한 방법으로 M2를 찾으면 된다.

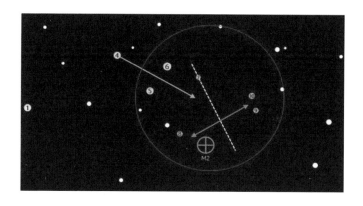

3. 볼거리

M2는 겉보기 크기가 10′, 밝기가 약 6등급이다. 작은 망원경
으로는 그 안의 별이 보이기보다 작은 성운처럼 보인다. 비슷한
시간대에 자오선을 통과하는 페가수스자리의 구상성단인 M15
와 비슷한 크기와 밝기이다. 무엇을 먼저 관측하든 반드시 이
둘을 비교할 것을 추천한다. 구경이 큰 망원경으로 보면 제각기
다른 별들의 배열로 그 생김새를 구분하는 것이 가능하다.

4. 찍을 거리

M2뿐만이 아니라 메시에 목록의 구상성단 촬영을 위해서는

초점 거리가 2,000mm 이상의 망원경을 추천한다. 별의 밀집
도가 상당히 높은 편이므로 성단 중심부가 하얗게 번져 보이기
쉬우며, 이미지 처리를 통해 밝은 부분의 표현을 자연스럽게
할 필요가 있다.

Messier 3

Messier guide

사냥개자리에 있는 관측이 쉬운 구상성단

분류: 구상성단

소속: 사냥개자리(Canes Venatici)

겉보기 등급: 6.20

적경/적위: 13h 43m 08.20s / +28° 16′ 28.4″

거리: 10.4 kpc

각크기: 18.0′

관측 시기: 봄

추천 – 안시: ★★★★☆, **사진:** ★★★☆☆

"1764년 5월 3일,

성운은 '헤벨리우스의 사냥개 중 한 마리' 그리고 목동 사이에서 발견되었다. 이것은 어떠한 별도 포함하고 있지 않으며 중심은 밝고, 그 빛은 중심으로부터 멀어질수록 서서히 사라지고 있으며 둥글다. 아름다운 하늘에서는 1피트(305mm)의 망원경으로도 볼 수 있다(직경 3′)."

『Catalog of Nebulae and Star Clusters』

M3는 헤라클레스자리의 M13이나 궁수자리의 M22와 비교하면 약간 작으나, 밝고 크며 아름다운 구상성단의 대표적인 메시에 목록이다. 봄의 밤하늘에 가득 찬 은하수를 감상할 때, 잊지 말고 아기자기하게 모여 있는 구상성단 M3와 M53도 함께 관찰해보자.

1. 호핑 별 정보

1) α Boo(Arcturus, 아르크투르스)

16 Boo, HIP 69673A

분류: 쌍성

겉보기 등급: 0.15

절대 등급: −0.11

적경/적위: 14h 16m 35.95s / +19° 04′ 32.4″

거리: 36.71ly

시차: 0.08885″

분광형: K1.5III

2) η Boo(Muphrid)

8 Boo, HIP 67927

분류: 쌍성

겉보기 등급: 2.65

절대 등급: 2.38

적경/적위: 13h 55m 39.68s / +18° 17′ 47.5″

거리: 36.99ly

분광형: G0IV

3) τ Boo

4 Boo, HIP 67275

분류: 쌍성

겉보기 등급: 4.50

절대 등급: 3.53

적경/적위: 13h 48m 14.13s / +17° 21′ 18.2″

거리: 50.94ly

분광형: F6IV

4) υ Boo

5 Boo, HIP 67459

분류: 변관성

겉보기 등급: 4.05

절대 등급: −0.49

적경/적위: 13h 50m 27.91s / +15° 41′ 49.1″

거리: 263.45ly

분광형: K5.5III

5) e Boo

6 Boo, HIP 67480

분류: 항성

겉보기 등급: 4.90

절대 등급: −0.55

적경/적위: 13h 50m 40.93s / +21° 09′ 47.5″

거리: 401.18ly

분광형: K4III

6) 1 Boo

HIP 66727A

분류: 쌍성

겉보기 등급: 5.75

적경/적위: 13h 41m 39.14s / +19° 51′ 09.9″

거리: 302.84ly

분광형: A1.5V

7) 3 Boo

HIP 67239

분류: 항성

겉보기 등급: 5.95

절대 등급: 1.19

적경/적위: 13h 47m 40.36s / +25° 36′ 00.6″

거리: 292.52ly

분광형: G5III

8) HIP 66417

분류: 변광성

겉보기 등급: 5.70

절대 등급: −0.04

적경/적위: 13h 37m 56.86s / +24° 30′ 34.0″

거리: 458.73ly

분광형: M2III

9) HIP 66086A

분류: 쌍성

겉보기 등급: 6.10

절대 등급: 0.31

적경/적위: 13h 33m 46.39s / +24° 14′ 27.5″

거리: 469.97ly

분광형: G8III

10) HIP 65466

분류: 변광성

겉보기 등급: 5.75

절대 등급: 1.04

적경/적위: 13h 26m 05.23s / +23° 44′ 53.8″

거리: 285.35ly

분광형: A3Vs

11) HIP 66992

분류: 항성

겉보기 등급: 6.10

절대 등급: −0.06

적경/적위: 13h 44m 43.20s / +22° 35′ 52.3″

거리: 555.63ly

분광형: K4III

12) 2 Boo

HIP 66763

분류: 항성

겉보기 등급: 5.60

절대 등급: 0.54

적경/적위: 13h 42m 00.46s / +22° 23′ 33.5″

거리: 335.90ly

분광형: G9III

13) 9 Boo

HIP 68103

분류: 항성

겉보기 등급: 5.00

절대 등급: −1.26

적경/적위: 13h 57m 30.26s / +27° 23′ 32.7″

거리: 581.38ly

분광형: K3IIIb

14) HIP 67782

분류: 쌍성

겉보기 등급: 5.90

절대 등급: 1.81

적경/적위: 13h 54m 05.96s / +28° 32′ 52.6″

거리: 214.44ly

분광형: A7V

15) HIP 66725

분류: 쌍성

겉보기 등급: 6.20

절대 등급: 0.09

적경/적위: 13h 41m 35.72s / +27° 57′ 43.7″

거리: 543.59ly

분광형: K3III

2. 호핑 방법

1) α Boo를 찾고 파인더를 잘 움직이면 1, 2, 3번 별들이 보인다. 그러면 3번에서 2번 별로 조금 따라 올라간다.

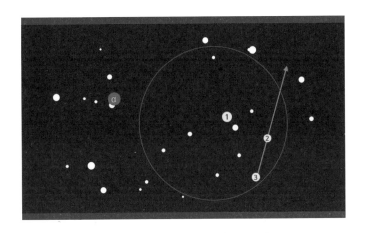

2) 그렇게 하면 1, 2, 4, 5번 별이 이루는 사각형이 보인다. 다시 한번 더 올라왔던 방향으로 한 번 더 움직인다.

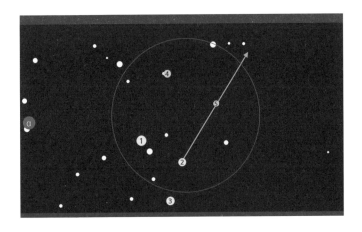

3) 올라오면 6, 7, 8, 9번 별들이 거의 일자를 이루는 것을

볼 수 있다. 그다음엔 9번 별에서 6번 별 방향으로 파인더를 조금 움직여준다.

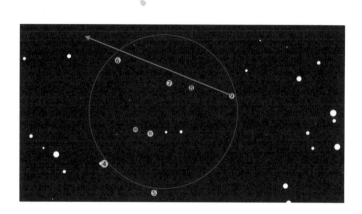

4) 그러면 6번 별과 함께 12, 13, 14번 별이 사각형을 이루게 된다. 이때 12번 별로 파인더 중심을 움직이면 주경 시야에 M3가 보인다.

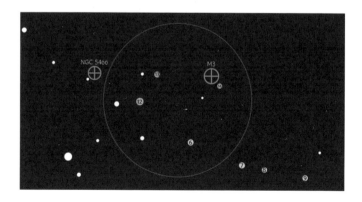

3. 볼거리

메시에가 말한 망원경에 비해 훨씬 작은 구경 80mm 정도의 굴절망원경으로도 배율을 약간 높이면 구상성단이라는 것을 확인할 수 있다. 구경 300mm 이상의 반사망원경이라면 별의 무리가 선명하게 보일 것이므로 만족스러운 관측이 될 것이다. 바로 옆 NGC 5466과 비교하며 관측하는 것도 재미있는 포인트이다. NGC 5466은 10.5등급의 어둡고 희미한 구상성단인데 밀집도가 약해 M3와 확연한 차이를 느낄 수 있을 것이다.

*NGC 5466

Mel 124, Snowglobe Cluster, Ghost Globular Cluster

분류: 구상성단

겉보기 등급: 9.70

적경/적위: 14h 05m 27.29s / +28° 32′ 04.0″

거리: 15.9kpc(51.9kly)

4. 찍을 거리

준 망원렌즈로 목동자리 전체를 세로로 촬영하면 화면 구석에 M3가 작게 보일 것이다. 머리털자리 속의 수많은 은하와

M3를 찾는 재미가 있다. 초점 거리 300mm 정도의 망원경이나 망원렌즈로도 이 구상성단을 촬영할 수 있지만, 다른 구상성단과 마찬가지로 2,000mm 이상의 초점 거리의 망원경을 사용할 것을 추천한다.

Messier 4
(Spider Globular)

가장 아름다운 배경을 가진 구상성단

분류: 구상성단

소속: 전갈자리(Scorpius)

겉보기 등급: 5.90

적경/적위: 16h 24m 50.76s / −26° 34′ 19.1″

거리: 2.2 kpc

각크기: 36.0′

관측 시기: 여름

추천 – 안시: ★★☆☆☆, 사진: ★★★★☆

"1764년 5월 8일.

굉장히 작은 별들의 무리이다. 소형 망원경을 통해

더욱 성운처럼 드러난다. 이 성단은 안타레스 근처,

그 평행선 위에 위치한다(직경 2.5′)."

『Catalog of Nebulae and Star Clusters』

　전갈자리의 구상성단인 M4는 뱀자리의 M5와 헤라클레스자리의 M13과 거의 비슷한 크기와 밝기를 가진 훌륭한 구상성단이다. 3개의 구상성단 모두 같은 시기에 보기 쉬운 위치에 있으니 비교하며 관측할 것을 추천한다. M4가 있는 전갈자리나 은하수 중심이 있는 궁수자리에는 성운과 성단이 상당히 많은 편이다. 다만, 그 근처의 성운과 성단은 한국과 같은 중위도 지역에서는 자오선 고도가 낮다는 점이 단점이다. 또한 관측하기 좋은 시간대인 자정 전에 자오선을 통과하는 6~7월은 장마와 겹치기 때문에 좋은 조건에서 관측하기란 쉽지 않다. 은하수 중심 부근의 성운이나 성단을 보기 위해서는 장마철 전인 4~5월 자정이 지난 후가 좋다. 만약 남반구인 호주나 뉴질랜드에 갈 기회가 생긴다면, 은하수 부근의 성운과 성단을 높은 고도의 밤하늘에서 즐겨보면 좋겠다.

1. 호핑 별 정보

1) α Sco(Antares)

21 Sco, HIP 80763

분류: 맥동변광성, 쌍성

겉보기 등급: 1.05

절대 등급: −5.10

적경/적위: 16h 30m 40.07s / −26° 28′ 32.6″

거리: 553.75ly

시차: 0.00589″

분광형: M1.5Iab

2) σ Sco(Alniyat)

20 Sco, HIP 80112A

분류: 맥동변광성, 쌍성

겉보기 등급: 3.05

절대 등급: −3.71

적경/적위: 16h 22m 26.28s / −25° 38′ 24.8″

거리: 734.59ly

분광형: B1III

3) o Sco

19 Sco, HIP 82426

분류: 변광성

겉보기 등급: 4.55

절대 등급: -2.60

적경/적위: 16h 21m 52.38s / -24° 13′ 01.2″

거리: 879.13ly

분광형: A5II

4) ρ Oph

5 Oph, HIP 80473A

분류: 쌍성

겉보기 등급: 4.95

절대 등급: -0.46

적경/적위: 16h 26m 49.08s / -23° 29′ 33.6″

거리: 394.38ly

분광형: B3V

5) i Sco

22 Sco, HIP 80815

분류: 항성

겉보기 등급: 4.75

절대 등급: −0.76

적경/적위: 16h 31m 27.39s / −25° 09′ 30.9″

거리: 413.38ly

분광형: B2.5V

2. 호핑 방법

1) α Sco를 파인더 안에 잡으면 1, 2, 3, 4번 별과 함께 오각
형을 이룬다. M4는 α Sco과 1번 별 사이에, M80은 2, 3번 별
옆에 위치해 있다.

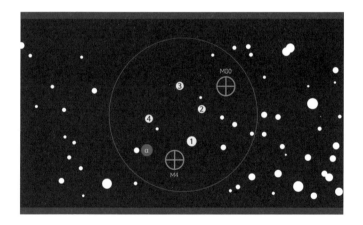

3. 볼거리

M4의 밀집도는 IX로 구상성단 중에서는 밀집 정도가 낮은 편이다. 그러므로 시상이 좋다면 성단의 중심 부근의 별들이 개별적으로 보일 것이다. 어느 정도 큰 구경의 망원경으로 관측할 경우, 다른 구상성단에 비해 오렌지빛을 띠게 된다. 그 이유는 자오선 고도가 낮아서 대기의 감광의 영향을 받기 쉽기 때문이다.

4. 찍을 거리

구상성단을 촬영하기 위해서는 보통 2,000mm 정도의 초점 거리가 필요하지만, 초점 거리 300mm 이하의 작은 망원경이나 망원렌즈로 촬영하는 것을 추천한다. 그 이유는 M4는 별의 낮은 밀집도를 가졌고, 주변에 안타레스 성운이라 불리는 대형 산광성운과 여러 가지 암흑성운이 있어, 함께 즐기기에 좋기 때문이다.

Messier 5
(Rose Cluster)

Messier guide

뱀자리에 있는 밝고 큰 구상성단

분류: 구상성단

소속: 뱀자리(Serpens)

겉보기 등급: 6.65

적경/적위: 15h 19m 36.10s / +2° 00′ 24.1″

거리: 7.5 kpc

각크기: 23.0′

관측 시기: 여름

추천 - 안시: ★★★★☆, **사진:** ★★★☆☆

"1764년 5월 23일,

천칭과 뱀 사이에서 근사한 성운이 발견되었다.

Flamsteed 목록에 따르면 5번째의 뱀자리 별 근처
에 위치하는 6등급의 천체이다. 이것은 아무런 별
도 포함하지 않는다. 둥근 형태이며 좋은 하늘에서
1피트(305mm)의 평범한 굴절망원경으로 잘 보인다
(직경 3′)."

───

『Catalog of Nebulae and Star Clusters』

M5는 밝고 거대한 구상성단이다. 대구경의 망원경뿐 아니라
작은 쌍안경과 굴절망원경으로도 충분히 즐길 수 있다. M5가
자리한 뱀자리는 뱀주인자리를 사이에 두고 서쪽으로는 머리,
동쪽으로는 꼬리로 반으로 잘린 특이한 모양의 별자리이다. 이
중 M5는 머리 부분에 해당한다. 뱀자리는 비교적 어두운 별이
많지만, 별자리를 찾기는 쉽다. 여름 은하수 부근에는 M5와
M22를 필두로 한 다수의 구상성단이 있다. 다만, 자오선 고도
가 낮은 경우가 많아 되도록 공기가 맑고 광해가 적은 장소에
서 관측 및 촬영하기를 추천한다.

1. 호핑 별 정보

1) α Boo(Arcturus, 아르크투르스)

16 Boo, HIP 69673A

분류: 쌍성

겉보기 등급: 0.15

절대 등급: −0.11

적경/적위: 14h 16m 35.95s / +19° 04′ 32.4″

거리: 36.71ly

시차: 0.08885″

2) β Lib(Zubeneschamali)

27 Lib, HIP 74785

분류: 변광성

겉보기 등급: 2.60

절대 등급: −1.17

적경/적위: 15h 18m 07.44s / −9° 27′ 28.5″

거리: 185.11ly

분광형: B7.5IV

3) 110 Vir

HIP 73620

분류: 변광성

겉보기 등급: 4.35

절대 등급: 0.46

적경/적위: 15h 03m 56.88s / +2° 00′ 40.3″

거리: 195.42ly

분광형: K0IV

4) 109 Vir

HIP 72220

분류: 변광성, 쌍성

겉보기 등급: 3.70

절대 등급: 0.62

적경/적위: 14h 47m 17.79s / +1° 48′ 24.4″

거리: 134.50ly

분광형: A0III

5) HIP 73193

분류: 변광성, 쌍성

겉보기 등급: 5.50

절대 등급: 0.74

적경/적위: 14h 58m 37.05s / −0° 14′ 59.4″

거리: 291.47ly

분광형: K1III

6) 108 Vir

HIP 72154

분류: 항성

겉보기 등급: 5.65

절대 등급: −0.25

적경/적위: 14h 46m 33.56s / +0° 37′ 51.7″

거리: 493.43ly

분광형: B9.5V

7) 6 Ser

HIP 75119A

분류: 변광성, 쌍성

겉보기 등급: 5.35

절대 등급: 0.98

적경/적위: 15h 22m 05.32s / +0° 38′ 28.9″

거리: 243.76ly

분광형: K1III

8) HIP 74901

분류: 항성

겉보기 등급: 5.85

절대 등급: -0.89

적경/적위: 15h 19m 29.93s / -0° 32′ 08.2″

거리: 726.41ly

분광형: K2/3III

9) 4 Ser

HIP 74689

분류: 항성

겉보기 등급: 5.60

절대 등급: 2.28

적경/적위: 15h 16m 52.44s / +0° 17′ 48.6″

거리: 150.51ly

분광형: A5V

10) 5 Ser

MQ Ser, HIP 74975

분류: 변광성, 쌍성

겉보기 등급: 5.00

절대 등급: 2.98

적경/적위: 15h 20m 22.34s / +1° 41′ 18.4″

거리: 82.78ly

분광형: F8IV

2. 호핑 방법

1) 아래 그림과 같이 α Boo와 β Lib를 찾고, 이 사이에 파인더를 두면 1, 2, 3, 4번 별이 보인다. 그러면 2번 별에서 1번별로 한 번 만큼 파인더를 움직인다.

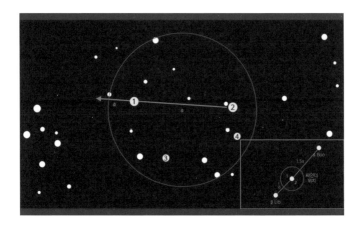

2) 그러면 별이 평행사변형 모양을 하고 있는 모습이 나오는데, 8번 별 바로 옆에 M5가 있다.

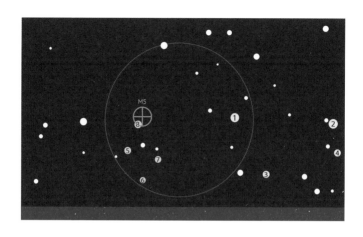

3. 볼거리

M5에서 남동 25′ 위치에는 뱀자리 5번 별(5.0등성)이 있다. 겉보기 시야 60° 정도의 접안렌즈로 70배보다 낮은 배율로 관측하면, 5등급의 항성과 6등급의 구상성단을 비교하며 관측할 수 있는데, 성운과 성단의 등급표시가 항성의 등급표시와 어떻게 다른지도 확인할 기회가 될 것이다.

4. 찍을 거리

구상성단을 자세하게 촬영하고 싶은 경우에는 1,000mm 이

상의 초점 거리를 가진 망원경을 사용할 것을 추천한다. 디지
털카메라를 사용할 경우 고스트 플레어 현상이 나타나기 쉬우
므로 M5를 촬영할 때는 가장 가까운 5번 별이 어중간하게 관
측 범위 안에 나오지 않게 하는 것이 좋다.

Messier 6
(Butterfly Cluster)

messier guide

M7과 나란히 밝게 빛나는 전갈자리 산개성단

분류: 산개성단

소속: 전갈자리(Scorpius)

겉보기 등급: 4.20

적경/적위: 17h 41m 40.94s / −32° 15′ 44.9″

거리: 491 pc

각크기: 25.0′

관측 시기: 여름

추천 – 안시: ★★★☆☆, 사진: ★★★☆☆

"1764년 5월 23일,

궁수자리의 활과 전갈자리의 꼬리 사이에 있는 작은 별들의 모임이다. 육안으로 보았을 때, 이 성단은 별이 없는 성운처럼 보인다. 하지만 조사를 위해 사용하고 있는 가장 작은 망원경으로도 희미한 별의 무리를 관측할 수 있다(직경 15′)."

『Catalog of Nebulae and Star Clusters』

M6는 전갈자리에 있는 4.2등성의 밝은 산개성단이다. 거의 보름달 정도의 겉보기 크기로 성단에 있는 별들의 밝기가 비슷한 것이 특징이다. 모인 별들의 형상이 마치 날개를 피고 있는 나비와 같다 하여 나비성단이라 불리기도 한다.

1. 호핑 별 정보

1) λ Sco(Shaula, 샤울라)

35 Sco, HIP 85927

분류: 변광성, 쌍성

겉보기 등급: 1.60

절대 등급: −4.62

적경/적위: 17h 35m 00.95s / −37° 07′ 00.6″

거리: 571.20ly

시차: 0.00571″

분광형: B1.5IV

2) υ Sco(Lesath)

34 Sco, HIP 85696

분류: 항성

겉보기 등급: 2.70

절대 등급: −3.54

적경/적위: 17h 32m 10.38s / −37° 18′ 36.6″

거리: 576.25ly

분광형: B2IV

3) κ Sco(Girtab)

분류: 맥동변광성, 쌍성

겉보기 등급: 2.35

절대 등급: −3.50

적경/적위: 17h 43m 55.25s / −39° 02′ 18.6″

거리: 483.19ly

분광형: B1.5III

4) ι1 Sco

HIP 87073

분류: 쌍성

겉보기 등급: 2.95

절대 등급: −5.91

적경/적위: 17h 49m 01.99s / −40° 07′ 58.2″

거리: 1929.92ly

분광형: F2Ia

5) G Sco(Fuyue)

HIP 87261

분류: 쌍성

겉보기 등급: 3.15

절대 등급: 0.22

적경/적위: 17h 51m 16.05s / −37° 02′ 52.1″

거리: 125.83ly

분광형: K2III

6) HIP 87220

분류: 항성

겉보기 등급: 4.75

절대 등급: −1.41

적경/적위: 17h 50m 31.19s / −31° 42′ 29.8″

거리: 556.58ly

분광형: B8III−IV

7) V1036 Sco

HIP 86011A

분류: 회전변광성, 쌍성

겉보기 등급: 5.75

절대 등급: −4.34

적경/적위: 17h 36m 03.71s / −32° 35′ 38.2″

거리: 3397.46ly

분광형: O6V

2. 호핑 방법

1) λ Sco를 찾으면 그 주위로 1, 2, 3, 4번 별이 같이 직각 삼각형(4번 별에 낀 직각)을 이루고 있는 것이 보인다. 여기서 3, 4번 별에 평행하게, 방향은 3에서 4번 별로 하여 2번 별에서 1.5배만큼 파인더를 움직인다.

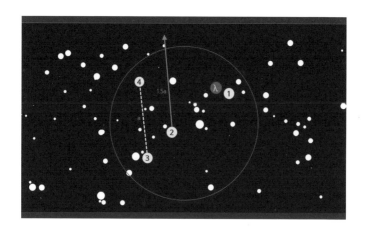

2) 그렇게 하면 파인더 상에서 5, 6번 별과 함께 별뭉치(그림에서는 회색으로 표시)가 보이는데, 이들이 각각 M6, M7이다. 특히 M6는 5, 6번 별 사이에 있다.

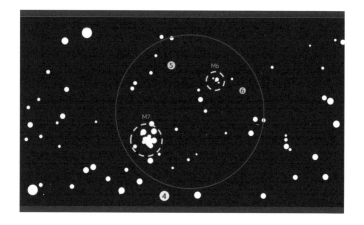

M6가 있는 전갈자리는 여름의 대표적인 별자리이다. 남쪽 하늘 낮은 고도에 S자 모양으로 나열된 전갈자리는 별들의 배열이 눈에 잘 들어온다. 그런 전갈자리의 꼬리 끝에 달린 독침에 해당하는 λ별(람다/1.6등성)로부터 살짝 동북 방향에 M6가 있다. λ별 바로 동쪽에 있는 G별(3.2등성), 그리고 M6를 연결하면 이등변삼각형이 되는데, 이 위치를 기준으로 삼아서 M6를 찾으면 간단히 발견할 수 있을 것이다. M6 바로 남동 근처에는 산개성단인 M7이 있어, M6를 찾는다면 M7 또한 시야에 들어오게 된다. 게다가 M7이 더욱 크고 밝기 때문에 눈에 쉽게 들어온다. M6를 관측할 때는 M7과 혼동하지 않도록 주의해야 한다.

3. 볼거리

소형쌍안경으로 관측할 경우, 2개의 밝은 산개성단인 M6와 M7이 은하수 가운데 나란히 보인다. 희미한 빛을 띠는 은하수 별들을 배경으로 한 산개성단은 상당히 아름답게 보일 것이다. M6는 구경 102mm 정도의 굴절망원경으로도 충분히 관측 가능하다. 특히 구경 150mm의 대형 쌍안경으로 관측할 것을 추천한다. 관측을 하며 나비의 모습을 찾아보는 것도 좋다. 특히 성단 중심의 어두운 별들로 이루어진 V자형 더듬이를 찾아보아라.

4. 찍을 거리

50mm 표준 렌즈로 전갈자리 전체를 세로로 촬영할 경우, 왼쪽 아래에 선명하게 찍힌 M6이 존재를 확인할 수 있다. 초점 거리가 500mm 정도일 때 그 멋진 모습을 가장 잘 담아낼 수 있다. 초점 거리가 너무 길다면 화면 전체가 성단으로 가득 차고 별들이 듬성듬성 찍히게 되므로 추천하지 않는다. 성단의 가장 밝은 별은 오렌지색을 띠는데 별의 원색을 잘 살려 푸른색과 붉은색의 조화를 살리는 것이 중요하다. 어두운 하늘에서는 주위의 은하수 영역과 함께 전리수소영역까지도 담는 것을 목표로 하자.

Messier 7
(Ptolemy's Cluster)

Messier guide

맨눈으로도 볼 수 있는 산개성단

분류: 산개성단

소속: 전갈자리(Scorpius)

겉보기 등급: 3.30

적경/적위: 17h 55m 13.96s / −34° 47′ 44.5″

거리: 300pc

각크기: 80.0′

관측 시기: 여름

추천 – 안시: ★★★★☆, **사진:** ★★★☆☆

"1764년 5월 23일,

이전에 관측한 M6보다 상당히 큰 성단이다. 이 성

단은 육안으로도 성운처럼 나타난다. 궁수자리의

활과 전갈자리의 꼬리 사이에 위치하며 M6와 약간

의 거리가 있다(직경 30′)."

『Catalog of Nebulae and Star Clusters』

M7은 전갈자리에 있는 산개성단으로 M6 바로 남동쪽에 위치한다. 밝기는 3.3등성이며 겉보기 크기는 1°를 넘는 정도로 굉장히 밝고 큰 산개성단이다. 여름에 관측모임이나 천문대를 방문하게 된다면, 백조자리의 이중성인 알비레오, 거문고자리의 행성상성운인 M57, 궁수자리의 산광성운인 M8과 함께 산개성단인 M7도 관측할 것을 추천한다. M7은 가장 남쪽에 있는 메시에 천체이다. 동경 위도에서의 자오선 고도는 20° 정도이다. 아무리 밝고 보기 좋은 산개성단일지라도 관측 촬영하기 좋은 조건이 갖춰지는 날은 의외로 별로 없다. 관측하기 좋은 날 이 산개성단을 놓치지 말아야겠다.

1. 호핑 별 정보

1) λ Sco(Shaula, 샤울라)

35 Sco, HIP 85927

분류: 변광성, 쌍성

겉보기 등급: 1.60

절대 등급: −4.62

적경/적위: 17h 35m 00.95s / −37° 07′ 00.6″

거리: 571.20ly

시차: 0.00571″

분광형: B1.5IV

2) υ Sco(Lesath)

34 Sco, HIP 85696

분류: 항성

겉보기 등급: 2.70

절대 등급: −3.54

적경/적위: 17h 32m 10.38s / −37° 18′ 36.6″

거리: 576.25ly

분광형: B2IV

3) κ Sco(Girtab)

분류: 맥동변광성, 쌍성

겉보기 등급: 2.35

절대 등급: −3.50

적경/적위: 17h 43m 55.25s / −39° 02′ 18.6″

거리: 483.19ly

분광형: B1.5III

4) ι1 Sco

HIP 87073

분류: 쌍성

겉보기 등급: 2.95

절대 등급: −5.91

적경/적위: 17h 49m 01.99s / −40° 07′ 58.2″

거리: 1929.92ly

분광형: F2Ia

5) G Sco(Fuyue)

HIP 87261

분류: 쌍성

겉보기 등급: 3.15

절대 등급: 0.22

적경/적위: 17h 51m 16.05s / −37° 02′ 52.1″

거리: 125.83ly

분광형: K2III

6) HIP 87220

분류: 항성

겉보기 등급: 4.75

절대 등급: −1.41

적경/적위: 17h 50m 31.19s / −31° 42′ 29.8″

거리: 556.58ly

분광형: B8III−IV

7) V1036 Sco

HIP 86011A

분류: 회전변광성, 쌍성

겉보기 등급: 5.75

절대 등급: −4.34

적경/적위: 17h 36m 03.71s / −32° 35′ 38.2″

거리: 3397.46ly

분광형: O6V

2. 호핑 방법

1) λ Sco를 찾으면 그 주위로 1, 2, 3, 4번 별이 같이 직각
삼각형(4번 별에 낀 직각)을 이루고 있는 것이 보인다. 어기서 3,
4번 별에 평행하게, 방향은 3에서 4번 별로 하여 2번 별에서
1.5배만큼 파인더를 움직인다.

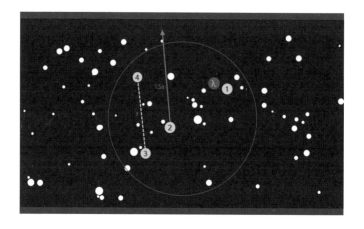

2) 그렇게 하면 파인더 상에서 5, 6번 별과 함께 별뭉치(그림
에서는 회색으로 표시)가 보이는데, 이들이 각각 M6, M7이다. 특
히 M6는 5, 6번 별 사이에 있다.

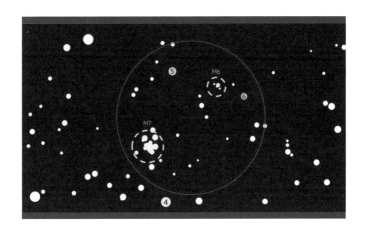

　M7은 전갈자리의 꼬리 독침 끝에 해당하는 G별(3.2등성)에서 북으로 약 2°.5 정도 떨어진 곳에 있다. M6와는 약 4° 정도 떨어져 있으며, 7배율의 파인더나 쌍안경으로 두 천체의 동시 관측이 가능하다.

3. 볼거리

　M7은 M6보다 크고 밝은 산개성단이므로 거의 모든, 다양한 장비로 즐길 수 있다. 구경 150mm의 대형 쌍안경으로 관측할 것을 추천한다. 비슷한 밝기의 별이 모인 M6에 비해 M7은 보다 밝은 별이 듬성듬성 흩어져 있는 게 특징이다. 그래서 맨눈으로도 산개성단다운 모습을 볼 수 있다. 또한, M7은 M6보다

1등급 정도 더 밝기도 하지만, 은하수의 밝은 부분에 있어 더욱 밝게 느껴질 것이다.

4. 찍을 거리

사진 촬영 시, 50mm 표준 렌즈로 전갈자리 전체를 세로로 찍게 되면, M6와 M7이 왼쪽 아래에 나란히 찍혀 있을 것이다. 135~200mm 정도의 망원렌즈로 M6와 M7 모두 한 화면 안에 담을 수 있다. 초점 거리가 500mm 정도의 망원경이라면 더욱 박진감 넘치게 보일 것이다. 1,000mm라면 화면에 가득 차게 찍히게 되며, 그 이상의 초점 거리의 경우에는 주변부가 화면에서 사라지게 된다.

Messier 8
(Lagoon Nebula)

Messier guide

여름을 대표하는 밝고 거대한 산광성운

분류: 전리수소영역 + 산개성단

소속: 궁수자리(Sagittarius)

겉보기 등급: 6.00

적경/적위: 18h 04m 46.00s / −24° 22′ 27.7″

거리: 1,250kpc

각크기: 90.0′x40.0′

관측 시기: 여름

추천 – 안시: ★★★★☆, 사진: ★★★★★

"1764년 5월 23일,

3피트의 일반 망원경으로 관찰했을 때 성운 모양으로 나타나는 성단. 하지만 훌륭한 망원경으로는 많은 양의 작은 별들만 인식된다. 이 성단 근처에는 매우 희미한 빛으로 둘러싸인 상당히 밝은 별이 있다. 이 별은 Flamsteed에 따르면 7등급으로 궁수자리의 9번째 별이다. 이 성단은 궁수자리의 활과 뱀주인자리의 발 사이에 북동쪽에서 남서쪽으로 뻗어있는 길쭉한 모양으로 나타난다(직경 30′)."

『Catalog of Nebulae and Star Clusters』

궁수자리에 있는 이 석호성운은 밝고 거대한 산광성운이다. 겉보기 크기는 보름달의 약 1.5배로, 사진으로 보이는 성운의 희미한 부분까지 포함하면 그 크기는 더욱 커진다. M8은 은하수의 암흑 띠에 있어 돋보인다. NGC 6530까지 겹쳐 보이므로, 망원경 관측이나 사진 촬영에 아주 적합한 대상으로 인기 있는 천체이다. 메시에 목록 중에서 M8 석호성운은, M31 안드로메다은하, M42 오리온 대성운, 그리고 M45 플레이아데스성단과 함께 가장 크고 유명한 천체에 속한다. 이들은 모두 맨눈으로도 확인할 수 있으며, 사진으로도 비교적 멋지게 나오는 대상이다.

메시에는 이곳에서 성운과 성단을 모두 인식하였기 때문에 이에 속하는 성운과 성단을 모두 통틀어 M8이라 부른다.

1. 호핑 별 정보

1) λ Sgr(Kaus Borealis)

22 Sgr. HIP 90496

분류: 항성

겉보기 등급: 2.80

절대 등급: 0.90

적경/적위: 18h 29m 7.63s / −25° 24′ 29.1″

거리: 78.18ly

시차: 0.04172″

분광형: K0IV

2) V4028 Sgr

HIP 89980

분류: 변광성

겉보기 등급: 6.15

절대 등급: −1.42

적경/적위: 18h 22m 40.63s / −24° 54′ 12.6″

거리: 1065.87ly

분광형: M5IIIa

3) 1 Sgr

11 Sgr, HIP 89153

분류: 쌍성

겉보기 등급: 4.95

절대 등급: 0.48

적경/적위: 18h 12m 52.01s / −23° 41′ 38.6″

거리: 256.01ly

분광형: K0III

4) 4 Sgr

HIP 88116

분류: 항성

겉보기 등급: 4.70

절대 등급: −0.83

적경/적위: 18h 00m 56.32s / −23° 48′ 52.2″

거리: 415.49ly

분광형: B9.5II−III

2. 호핑 방법

1) λ Her를 파인더 시야에 두면 1번 별이 보인다. 그러면 λ Her와 1번 별 사이의 2배만큼 연장하여 파인더를 옮긴다.

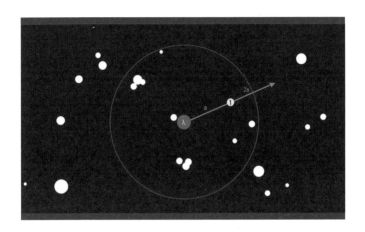

2) 이후 2번 별과 3번 별을 확인할 수 있는데, 그 주위로 M8, M20, M21, NGC 6530이 보인다. 1번과 2번 별 사이를 연장한 쪽에는 M20과 M21이, 2번 별과 3번 별을 기준으로 M20, M21과 대칭한 위치에 있는 곳에는 M8과 NGC 6530이 있다.

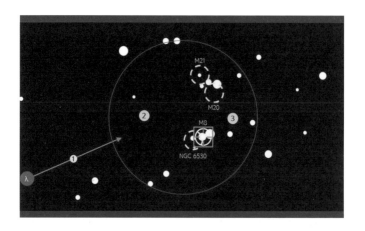

M8은 맨눈으로도 볼 수 있어서 망원경 관측은 더욱 간단한 편이다. 궁수자리 남두육성의 배치는 눈에 쉽게 들어올 것이다. 그 끝에 있는 μ별(뮤/3.8등성)로부터 남동으로 4°, 혹은 γ별(감마/3.0등성)에서 정북으로 약 6° 정도 망원경 방향을 틀면 M8이 보인다.

3. 볼거리

소형쌍안경으로는 산광성운 M20이나 산개성단 M21 등의 주변에 있는 다른 메시에 천체도 함께 관측할 수 있다. 대형 쌍안경으로 본다면 성운의 넓이가 짐작될 수 있을 정도로 관측된다.

대구경의 반사망원경을 통해 고배율로 관측한다면, 성운 중심 부분의 복잡한 구조도 확인할 수 있을 것이다. 각각의 장비에 따라 보는 재미가 있다.

4. 찍을 거리

M8은 광각렌즈로 여름 은하수 전체를 찍으면 그 존재가 더욱 확실히 드러난다. 다만, 붉은 성운은 개조되지 않아 성능이 좋지 않은 디지털카메라로 촬영할 경우, 보랏빛이 감도는 흰색으로 찍히는 경우가 많아 담아내기 어렵다. 초점 거리 800mm 이하라면 M20 삼렬성운과 함께 찍는 것이 좋으며 초점 거리 1,500mm라면 M8 전체가 한 화면에 꽉 찰 것이다. 필자는 M8을 촬영할 때 주변의 NGC 6546, NGC 6544 성단과 더불어 IC 4685 성운 영역을 반드시 같이 촬영하는 것을 추천한다. 이것과 함께 촬영한다면 그 모습이 마치 큰 발바닥처럼 느껴져 곰발바닥 성운이라 부르기도 한다.

Messier 9

Messier guide

뱀주인자리 오른쪽 발에 있는 구상성단

분류: 구상성단

소속: 뱀주인자리(Ophiuchus)

겉보기 등급: 8.42

적경/적위: 17h 20m 24.56s / −18° 32′ 10.7″

거리: 7,900kpc

각크기: 12.0′

관측 시기: 여름

추천 − 안시: ★★★☆☆, 사진: ★★☆☆☆

"1764년 5월 28일,

별이 없는 성운이다. 뱀주인의 오른쪽 다리에 위치

하며 둥글고 희미하게 빛난다(직경 3')."

『Catalog of Nebulae and Star Clusters』

M9은 뱀주인자리에 있는 구상성단이다. 뱀주인자리는 전갈자리 북쪽에 있지만, 별자리를 구성하는 별들이 3등급 이하의 어두운 별이라 광해가 심한 곳에서 이 별자리를 찾기란 쉽지 않다. 하지만 어두운 하늘 아래에 있다면 커다란 장기 말 모양으로 배열된 별자리를 의외로 쉽게 찾을 수 있다. 뱀주인자리에는 7개의 메시에 천체가 있으며, 모두 겉보기 크기 20′이하, 밝기 6등급 미만의 구상성단으로 메시에 목록의 천체치고는 작은 편에 속한다. 대형 구상성단인 M13, M22와 비교하면 귀여운 수준이다.

1. 호핑 별 정보

1) η Oph(Sabik)

35 Oph, HIP 84012A

분류: 쌍성

겉보기 등급: 2.45

절대 등급: 0.39

적경/적위: 17h 11m 33.97s / −15° 44′ 56.4″

거리: 84.13ly

시차: 0.03877″

분광형: A2IV−V

2) HIP 84402

분류: 쌍성

겉보기 등급: 5.95

절대 등급: 1.08

적경/적위: 17h 16m 30.99s / −14° 36′ 22.3″

거리: 306.83ly

분광형: K1III

3) HIP 84649

분류: 항성

겉보기 등급: 6.25

절대 등급: −0.76

적경/적위: 17h 19m 30.30s / −16° 19′ 56.3″

거리: 823.63ly

분광형: M2III

4) HIP 84792A

분류: 쌍성

겉보기 등급: 6.25

절대 등급: 2.97

적경/적위: 17h 21m 05.73s / −17° 46′ 35.1″

거리: 373.18ly

분광형: A0V

5) HIP 83854

분류: 항성

겉보기 등급: 5.95

절대 등급: 0.65

적경/적위: 17h 09m 27.08s / −17° 38′ 05.0″

거리: 374.89ly

분광형: K0III

2. 호핑 방법

1) 오른쪽 그림과 같은 곳에 파인더를 두면 η Oph와 함께 주위 별 1, 2, 3, 4번 별이 보인다. M9은 3번 별 옆에 붙어 있다.

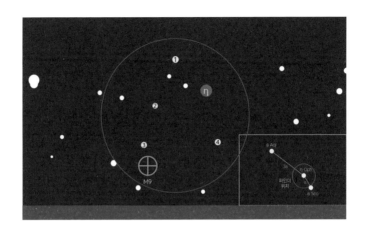

M9은 뱀주인자리의 오른쪽 다리(바라봤을 때 왼쪽 다리) 근처에 있다. M9을 망원경으로 관측하기 위해서는 우선 η별(에타/2.4등성)을 찾은 다음, 남으로 3°.5 정도 망원경을 향하여 찾거나, θ별(세타/3.3등성)에서 ζ별(제타/4.4등성)을 지나 북으로 2°.5 정도 망원경을 움직이면 찾을 수 있다.

3. 볼거리

배율이 낮은 소형쌍안경이나 망원경의 파인더로도 그 위치를 파악할 수 있지만 항성처럼 보일 것이다. 하지만 구경 100mm 이상의 굴절망원경으로 약간 배율을 높여 관측하면 구상성단임을 알 수 있다. M9처럼 작은 구상성단을 관측할 때는 구경이 큰 반사망원경을 사용하는 편이 좋기 때문에. 기회가 된다면 400mm 이상의 돕소니언 망원경을 통해 광해가 적은 장소에서 관측할 것을 추천한다. 망원경의 시야를 1°가 조금 넘을 만큼 이동하다 보면 구상성단 NGC 6342와 NGC 6356을 찾을 수 있는데 희미하기는 하지만 같이 관측을 시도해보는 것을 추천한다.

4. 찍을 거리

뱀주인자리 전체를 촬영하기 위해서는 35mm 광각렌즈, 뱀자리까지 찍고 싶다면 28mm 광각렌즈가 필요하다. 별자리 촬영을 위해서는 어떠한 렌즈를 사용하더라도 해상도가 높은 요즘의 디지털카메라라면  M9과 같은 구상성단을 흐릿한 빛으로나마 그 존재를 확인하는 것이 가능하다. 조금 더 자세하게 촬영하기 위해서는 다른 수많은 구상성단과 마찬가지로 초점 거리가 2,000mm 이상인 망원경으로 촬영하는 것이 좋다.

Messier 10

뱀주인자리에서는 큰 편인 구상성단

분류: 구상성단

소속: 땅꾼자리(Ophiuchus)

겉보기 등급: 6.40

적경/적위: 16h 58m 14.70s / −4° 07′ 52.3″

거리: 4.400kpc

각크기: 20.0′

관측 시기: 여름

추천 − 안시: ★★★☆☆, 사진: ★★☆☆☆

"1764년 5월 29일,

뱀주인의 벨트에 있는 별이 없는 성운, Flamsteed
에 따르면 별자리의 30번째 별 근처에 위치하며 6
등급의 천체이다. 이 성운은 아름답고 둥근 형태를
띠며 초점 거리 3피트(915mm)의 망원경에서만 쉽게
볼 수 있다(직경 4')."

『Catalog of Nebulae and Star Clusters』

M10은 뱀주인자리에서 메시에 번호가 붙은 7개의 구상성단
중 하나이다. 밝기는 6.6등급, 겉보기 크기는 20', 뱀주인자리
의 구상성단 중에서는 비교적 관측하기 쉬운 편이다. M10의
서북쪽에 가까이 있는 구상성단인 M12, 약 10° 동쪽에는 구상
성단 M14가 있다. 이 3개의 구상성단은 순서대로 관측하면 효
율적이다.

1. 호핑 별 정보

1) δ Oph(Yed Prior)
1 Oph, HIP 79593

분류: 변광성, 쌍성

겉보기 등급: 2.70

절대 등급: −0.90

적경/적위: 16h 15m 20.48s / −3° 44′ 25.0″

거리: 171.12ly

시차: 0.01906″

분광형: M0.5III

2) ε Oph(Yed Posterior)

2 Oph, HIP 79882

분류: 쌍성

겉보기 등급: 3.20

절대 등급: 0.63

적경/적위: 16h 19m 19.54s / −4° 44′ 10.6″

거리: 106.45ly

분광형: G9.5IIIb

3) V2105 Oph

HIP 80620

분류: 변광성

겉보기 등급: 5.20

절대 등급: −1.04

적경/적위: 16h 28m 50.60s / −7° 38′ 37.2″

거리: 577.27ly

분광형: M2III

4) u Oph

3 Oph, HIP 80628A

분류: 변광성, 쌍성

겉보기 등급: 4.70

절대 등급: 1.83

적경/적위: 16h 28m 55.59s / −8° 24′ 59.8″

거리: 122.29ly

분광형: A1IV

5) ζ Oph(Saik)

13 Oph, HIP 81377

분류: 폭발변광성

겉보기 등급: 2.50

절대 등급: −2.75

적경/적위: 16h 38m 18.13s / −10° 36′ 26.8″

거리: 366.06ly

분광형: B0.5Ve

6) 30 Oph

HIP 83262

분류: 변광성, 쌍성

겉보기 등급: 4.80

절대 등급: −0.67

적경/적위: 17h 02m 09.27s / −4° 15′ 07.4″

분광형: K4III

7) 23 Oph

HIP 82730

분류: 변광성, 쌍성

겉보기 등급: 5.20

절대 등급: 0.86

적경/적위: 16h 55m 42.26s / −6° 11′ 10.4″

거리: 240.71ly

분광형: K1IICNIII

2. 호핑 방법

1) δ Oph를 찾는다. 그러면 1번 별이 보이는데, δ Oph에서 1번 별 방향으로 3배 정도 파인더를 움직여준다.

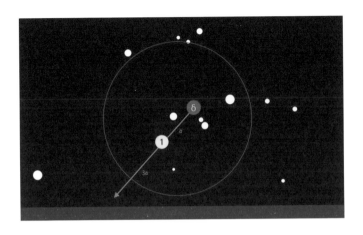

2) 그러면 2, 3, 4번 별이 둔각삼각형을 이루는 것을 볼 수 있다. 여기서, 3번 별과 4번 별을 잇는 가상의 선을 생각하여 이 선에 직각인 방향으로 파인더를 2.5배 정도 움직인다. 방향이 헷갈릴 경우, 그림 상에서 2번 별이 3번 별보다 위에 있으므로 위쪽으로 움직여 준다고 생각하면 편하다.

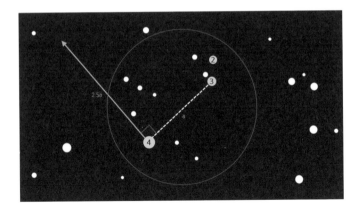

3) 그렇게 움직이고 나면 5번 별과 6번 별이 외로이 놓인 것을 볼 수 있다. M10은 5번 별에 가깝게 놓여 있다.

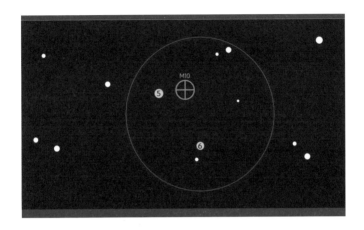

M10은 뱀주인자리의 몸통에 있다. M10을 망원경으로 관측하기 위해서는, 뱀주인자리 δ별(델타/2.7등성)과 ε별(엡실론/3.2등성)의 나열에서 시작해 망원경 방향을 거의 정동 방면 약 10° 이동하여 찾는 것이 가장 쉬운 방법이다. 혹은, 약간 어두운 별이지만, 뱀주인자리 30번 별(4.8등성)을 시작으로 그대로 망원경을 서쪽으로 1° 이동해주면 확실하고 빠르게 찾을 수 있다. 다른 방법으로는 뱀주인자리 λ별(람다/3.8등성)에서 남동 방향에 있는 M12를 지나 접근해보는 것도 좋겠다.

3. 볼거리

근처에 있는 M9은 크고 밝은 구상성단이긴 하지만, 아무래도 구경이 클수록 관측을 쉽게 즐길 수 있다. M10의 밀집도는 Ⅶ로 구상성단에서는 보통인 편이다. 하지만, 관측해보면 의외로 중심부가 밝고, 20′ 정도의 크기로 느껴지지 않아서인지 좀 더 작고 밀집도가 높은 듯한 인상을 준다.

4. 찍을 거리

M10은 겉보기 크기가 20′ 정도의 구상성단이라 세밀한 촬영을 위해서는 초점 거리가 2,000mm 이상의 망원경이 필요하다. 초점 거리가 500mm 이하일 경우, 근처의 M12도 함께 촬영하는 것을 추천한다. 뱀  주인자리는 주로 남쪽으로 낮게 뜨는데, M10은 천구 적도 부근에 있다. 또한, 여름철 비교적 시상이 좋은 날을 골라 초점을 멀리 맞추어 고해상도의 사진을 노려보자.

Messier 11
(Wild Duck Cluster)

우주를 나는 오리: 방패자리의 밝은 산개성단

분류: 산개성단

소속: 방패자리(Scutum)

겉보기 등급: 6.30

적경/적위: 18h 52m 09.12s / −6° 14′ 40.5″

거리: 1,900kpc

각크기: 14.0′

관측 시기: 여름

추천 − 안시: ★★★★☆, **사진:** ★★★☆☆

"1764년 5월 30일,

좋은 기구로만 관측할 수 있고, Antinous(지금은 사라진 별자리로 독수리자리와 합쳐졌다)의 K별 근처에 있는 성단. 이 성단은 희미한 빛과 섞여 있기에 초점 거리 3피트(915mm)의 일반적인 망원경으로는 혜성과 닮았다(직경 4′)."

『Catalog of Nebulae and Star Clusters』

M11은 밝기 5.8등급으로 밝고 관측이 쉬운 산개성단 중 하나이다. 또한 산개성단 중에서 별의 밀집도가 상당히 높은 편이다. M11이 있는 산개성단은 독수리자리와 궁수자리 사이에 있는 작은 별자리이다. 하지만, 여름 은하수 한가운데에서 4등급 이하의 별들로 구성되어 있어 눈에 띄진 않지만 수많은 오리 떼가 공기저항을 줄이기 위해 V자를 그리며 나는듯하여 야생오리성단이라는 별칭도 생겼다. 여름에 꼭 관측해야 할 성운과 성단 목록 중 인기 대상이라 할 수 있다.

1. 호핑 별 정보

1) λ Aql(Al Thalimain Prior)

16 Aql, HIP 93805

분류: 쌍성

겉보기 등급: 3.40

절대 등급: 0.51

적경/적위: 19h 07m 18.33s / −4° 51′ 01.3″

거리: 123.68ly

시차: 0.02637″

분광형: B9V

2) i Aql

12 Aql, HIP 93429

분류: 항성

겉보기 등급: 4.00

절대 등급: 0.78

적경/적위: 19h 02m 44.60s / −5° 42′ 32.2″

거리: 143.93ly

분광형: K1 III

3) η Sct

HIP 93026

분류: 항성

겉보기 등급: 4.80

절대 등급: 0.84

적경/적위: 18h 58m 07.62s / −5° 49′ 05.9″

거리: 202.33ly

분광형: K0 III

4) β Sct

HIP 92175

분류: 항성

겉보기 등급: 4.20

절대 등급: −3.04

적경/적위: 18h 48m 13.86s / −4° 43′ 27.8″

거리: 916.17ly

분광형: G0 Ib/II

2. 호핑 방법

1) 아래 그림과 같은 방법으로 λ Aql을 찾은 후 파인더를 보

면 1, 2번 그리고 3번 별이 있다. 여기서 1번 별에서 2번 별로 연장한 방향으로 한 번 더 가면 M11이 있다.

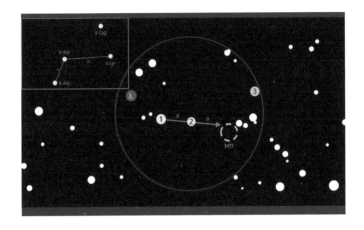

M11을 망원경으로 보기 위해서 방패자리 β별(베타/4.2등성)을 시작으로 망원경을 약 1°.5 정도 남동쪽으로 향하면 된다. 다른 한 가지 방법은 독수리자리 날개 끝에 있는 λ별(람다/3.4등성)을 시작으로 방패자리 η별(에타/4.8등성)을 지나 1°.5 서쪽으로 망원경을 이동하는 방법도 있다.

3. 볼거리

M11은 배경이 은하수라 망원경으로 봤을 때 어두운 별들로

가득하게 된다. M11은 밝기가 비슷한 별들이 모여 있어 마치 구상성단이 드문드문 있는듯한 인상을 받게 된다. 관측을 위한 장비는 소형쌍안경부터 대형 반사망원경까지 어떤 장비로도 관측을 즐길 수 있겠다.

4. 찍을 거리

초점 거리 100mm 정도의 중 망원렌즈를 사용한다면 방패자리 전체, 그리고 뱀자리의 산개성단과 산광성운 M16, 궁수자리 M17까지 한 화면에 담을 수 있다. 이들 천체를 개별적으로 촬영한다면, 초점 거리 500mm 정도로도 은하수 안에 떠있는 모습을 찍을 수 있다. 특히, M11은 밝은 편이므로 초점 거리가 조금 짧아도 보기 좋게 찍을 수 있으며, 주위의 암흑성운과 대조적인 모습도 매력적이다. 초점 거리가 길어질수록 강렬하게 찍히지만, 너무 길면 별들 사이가 멀어지고 성단이 화면을 넘어서기 때문에 주의할 필요가 있다.

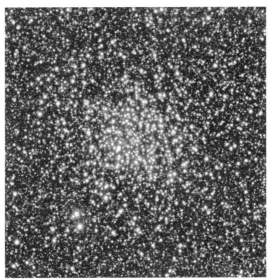

Messier 12

Messier guide

M10 근처에 있는 중간 규모의 구상성단

분류: 구상성단

소속: 땅꾼자리(Ophiuchus)

겉보기 등급: 6.70

적경/적위: 16h 48m 13.30s / −1° 58′ 48.0″

거리: 4.800kpc (15.658ly)

각크기: 16.0′

관측 시기: 여름

추천 – 안시: ★★★☆☆, **사진:** ★★★☆☆

"1764년 5월 30일,

뱀주인의 팔과 왼팔과 뱀 사이에서 발견된 성운. 이
성운은 별을 포함하고 있지 않으며, 둥글고 흰빛을
발한다. 이 성운 근처에는 9등급인 별이 존재한다
(직경 3′)."

『Catalog of Nebulae and Star Clusters』

땅꾼자리에 있는 겉보기 크기 16′, 밝기 6.7등급의 중간 규
모의 구상성단이다. 땅꾼자리 메시에 번호가 붙은 7개의 구상
성단 중 하나이다. 7개의 구상성단 중 M10과 M14, 그리고 이
M12는 뱀주인(땅꾼) 몸통에 적위 좌표상 비슷하게 나열되어 있
다. 특히 M10과는 불과 3.5° 정도밖에 떨어져 있지 않아서 소형
쌍안경이나 망원경의 파인더로 나란히 있는 모습을 볼 수 있다.

1. 호핑 별 정보

1) δ Oph(Yed Prior)

1 Oph, HIP 79593

분류: 변광성, 쌍성

겉보기 등급: 2.70

절대 등급: −0.90

적경/적위: 16h 15m 20.48s / −3° 44′ 25.0″

거리: 171.12ly

시차: 0.01906″

분광형: M0.5III

2) λ Oph

10 Oph, HIP 80883A

분류: 쌍성

겉보기 등급: 3.85

절대 등급: 0.31

적경/적위: 16h 31m 52.27s / +1° 56′ 41.8″

거리: 166.15ly

분광형: B9/A0III

3) σ Ser

50 Ser, HIP 80179

분류: 이중성

겉보기 등급: 4.80

절대 등급: 2.62

적경/적위: 16h 23m 2.03s / +0° 59′ 13.1″

거리: 88.94ly

분광형: A9 Ib/II

4) HIP 80693

분류: 항성

겉보기 등급: 5.40

절대 등급: −0.08

적경/적위: 16h 29m 32.01s / +0° 37′ 30.3″

거리: 407.19ly

분광형: K3V

5) 14 Oph

HIP 81734

분류: 항성

겉보기 등급: 5.70

절대 등급: 1.98

적경/적위: 16h 42m 40.16s / +1° 08′ 51.4″

거리: 180.30ly

분광형: F2V

6) 16 Oph

HIP 82037

분류: 변광성

겉보기 등급: 6.00

절대 등급: 0.07

적경/적위: 16h 46m 27.54s / +0° 59′ 16.7″

분광형: B9 IV/V

7) 19 Oph

HIP 82162

분류: 쌍성

겉보기 등급: 6.05

절대 등급: −0.05

적경/적위: 16h 48m 7.16s / +2° 01′ 58.6″

거리: 541.79ly

분광형: A1IV

8) 21 Oph

HIP 82480A

분류: 쌍성

겉보기 등급: 5.75

절대 등급: 0.63

적경/적위: 16h 52m 22.69s / +1° 11′ 10.5″

거리: 345.14ly

분광형: A1V

★) V2292 Oph

HIP 82588

분류: 변광성

겉보기 등급: 6.65

절대 등급: 5.47

적경/적위: 16h 53m 56.23s / −0° 03′ 47.0″

거리: 56.26ly

분광형: G8.5V

9) V2542 Oph

HIP 83693

분류: 맥동변광성, 쌍성

겉보기 등급: 6.25

절대 등급: 1.83

적경/적위: 16h 55m 9.60s / −1° 38′ 28.1″

거리: 249.93ly

분광형: A5/7V

10) HIP 82405

분류: 항성

겉보기 등급: 6.30

절대 등급: 2.38

적경/적위: 16h 51m 21.68s / −2° 41′ 04.9″

거리: 198.75ly

분광형: F3V

11) HIP 81687A

분류: 쌍성

겉보기 등급: 6.35

절대 등급: 2.98

적경/적위: 16h 42m 10.29s / −1° 02′ 04.2″

거리: 153.70ly

분광형: A7III

12) 12 Oph

V2133 Oph, HIP 81300

분류: 자전변광성, 쌍성

겉보기 등급: 5.75

절대 등급: 5.80

적경/적위: 16h 37m 21.28s / −2° 21′ 44.6″

거리: 31.80ly

분광형: K0V

13) ε Oph(Yed Posterior)

2 Oph, HIP 79882

분류: 쌍성

겉보기 등급: 3.20

절대 등급: 0.63

적경/적위: 16h 19m 19.54s / −4° 44′ 10.6″

거리: 106.45ly

분광형: G9.5IIIb

2. 호핑 방법

1) δ Oph를 찾는다. 그런 후, 아래에 있는 그림처럼 파인더
를 옮긴다.

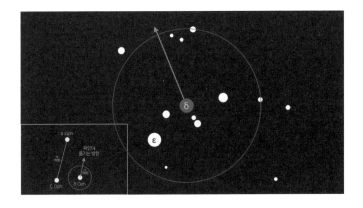

2) 옮기면 1, 2, 3번 별이 보이는데, 이때 2, 3번 별에 평행하게 1번 별에서 출발하여 2배만큼 옮긴다.

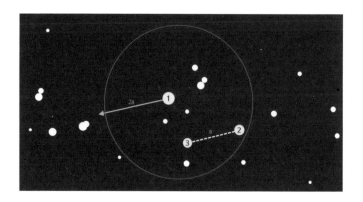

3) 그렇게 옮기면 4, 5, 6, 7번 별이 보인다. 이때 상황을 두 가지로 나눈다. 만약 ★이 보인다면 ②번 경로를 따라 다음 그림에 있는 8번 별로 가고, 안 보인다면 ①번 경로처럼 5, 6번 별에 평행하게 7번 별에서 출발하여 3배만큼 간다.

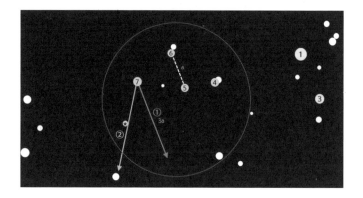

4) 그러면 8, 9, 10, 11번 별이 나온다. 이 네 별로 이루어진 사각형의 대각선의 교점 위치쯤에 M12가 존재한다.

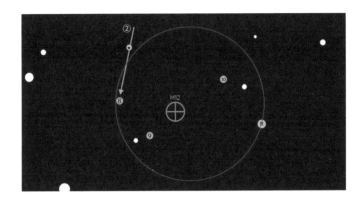

M12를 망원경으로 관측하기 위해서는 우선, 뱀주인자리 δ별(델타/2.7등성)부터 시작해 동북동 방향 5°강 정도의 위치에 있는 12번 별(5.8등성)로 망원경을 향한다. 그리고 그 12번 별에서 2°.5 동쪽 부근으로 방향을 바꾸면 M12가 보인다. 다른 방법으로는 뱀주인자리 λ별(람다/3.8등성)에서 남동으로 약 5°.5 부근을 어림잡아 망원경을 향해주면 보이게 된다. 또는, 뱀주인자리 κ별(카이/3.2등성)과 ζ별(제타/2.5등성)을 연결한 뒤, 가운데 부근을 찾아보는 것도 방법이다. 혹여 이미 구상성단 M10을 관측 중이었다면, 그대로 망원경 방향을 3°.5 북서쪽으로 바꿔주면 M12를 금방 찾을 수 있다.

3. 볼거리

 구경 8~10cm 정도의 굴절망원경으로도 구상성단이라는 것을 판단할 수 있다. 하지만 구경 30cm 이상의 반사망원경으로 관측하게 되면 밝기나 크기가 비슷한 M10과 비교하여 그 밀집도의 차이를 확인할 수 있기 때문에 겉보기 크기가 작은 편인 이들을 되도록 구경이 큰 망원경으로 관측하면서 비교할 것을 추천한다.

4. 찍을 거리

 보다 세밀한 모습을 담고 싶다면 다른 구상성단과 마찬가지로 초점 거리는 2,000mm 이상의 망원경이 좋다. 이렇게 초점이 긴 망원경으로 촬영할 때는 바람, 시상, 적도의 오차 등 많은 변수가 있지만, 좋은 퀄리티의 디지털 현상을 위해서라면 도전해보는 것을 추천한다.

Messier 13
(Hercules Cluster)

Messier guide

북천 제일의 밝은 구상성단

분류: 구상성단

소속: 헤라클레스자리(Hercules)

겉보기 등급: 5.80

적경/적위: 16h 42m 22.13s / +36° 25′ 38.9″

거리: 6,800kpc

각크기: 20.0′

관측 시기: 여름

추천 – 안시: ★★★★★, **사진:** ★★★★☆

"1764년 6월 1일,

헤라클레스의 벨트에서 별이 없는 성운을 발견했
다. 그것은 둥글고 화려하며, 중심이 가장자리보다
밝고, 초점 거리 1피트(300mm)의 망원경으로 인식할
수 있다. 이 천체는 8등급의 두 별 사이에 위치한
다. 성운은 헤라클레스자리의 엡실론 별과 비교함
으로써 결정되었다(직경 6′)."

『Catalog of Nebulae and Star Clusters』

헤라클레스 성단이라 불리는 M13은 북천 제일로 불리는 밝
고 커다란 구상성단이다. 밝기 5.8등급으로 대기 투명도가 높
고 비교적 어두운 장소라면 맨눈으로도 어렴풋이 확인할 수 있
다. M13이 있는 헤라클레스자리는 뱀주인자리 근처 전갈자리
북쪽에 있으며, 여름 별자리 중에서 가장 이른 시간에 떠오른
다. 그런 헤라클레스자리에는 메시에 목록 가운데 구상성단인
M13과 M92가 있다.

1. 호핑 별 정보

1) ζ Her

40 Her, HIP 81693

분류: 변광성, 쌍성

겉보기 등급: 2.85

절대 등급: 2.68

적경/적위: 16h 42m 0.34s / +31° 34′ 13.1″

거리: 35.21ly

시차: 0.09263″

분광형: G2IV

2) HIP 81911

분류: 항성

겉보기 등급: 6.00

절대 등급: 2.37

적경/적위: 16h 44m 33.54s / +34° 00′ 22.4″

거리: 173.95ly

분광형: F2V

3) HIP 82426

분류: 항성

겉보기 등급: 6.15

절대 등급: 1.28

적경/적위: 16h 51m 25.89s / +32° 31′ 26.4″

거리: 306.83ly

분광형: K0III

4) 53 Her

HIP 82587

분류: 쌍성

겉보기 등급: 5.30

절대 등급: 2.97

적경/적위: 16h 53m 41.07s / +31° 40′ 22.2″

거리: 95.20ly

분광형: F0V

5) ε Her

58 Her, HIP 83207

분류: 쌍성

겉보기 등급: 3.90

적경/적위: 17h 01m 0.80s / +30° 54′ 03.5″

거리: 155.02ly

분광형: A0IV

2. 호핑 방법

1) ζ Her에서 파인더를 움직이다 보면 1, 2, 3을 볼 수 있다. 쉽진 않지만, 만약 찾는다면 1번을 선택하라. 혹은 못 찾겠다면, 3번 별을 찾고 ζ Her의 위치의 약 90도 방향으로 3-ζ-1의 각이 대략 70도인 이등변삼각형이 되는 지점을 찾으면 1을 대략적으로 찾아낼 수 있다.

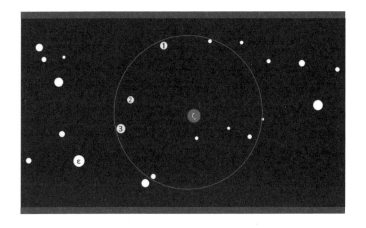

2) 1번 별을 잡고, ζ서 1로 간 만큼 한 번 더 간다.

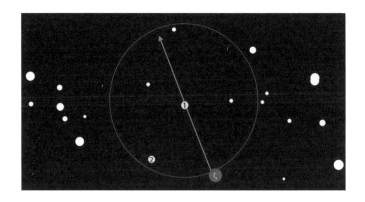

3) 그만큼 가면, 파인더 상에서도 뿌옇게 별처럼 보이는 천체가 있는데, 그것이 바로 M13이다. 별처럼 하나의 점으로 보일 때도 있고, 뿌옇게 보이는 경우도 있으니 유의하자.

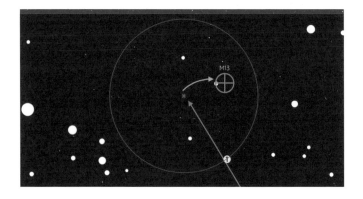

M13을 발견하기 위해서는 먼저 헤라클레스자리 η별(에타/3.5등성)을 찾은 뒤, 그대로 정남 방향으로 약 2°.5 정도 망원경의

방향을 바꿔준다. 혹은 우선 ξ별(크시/2.8등성)을 찾고, 정북 방향으로 약 5° 정도 방향을 바꿔준다. 망원경으로 대충 향한 뒤 파인더를 보면, 항성과는 다른 뿌연 원반 모양의 M13을 찾을 수 있다.

3. 볼거리

7×35mm의 소형쌍안경으로도 뿌연 원반 모양을 알아볼 수 있다. 구경 8∼10cm의 굴절망원경의 배율을 100배 이상으로 조율하면 다소 어둡지만, 구상성단다운 모습이 관측된다. 30cm 이상 구경의 반사망원경으로는 마치 사진처럼 명료하게 볼 수 있다. M13과 같은 구상성단은 시잉이 양호할 때 확실히 각각의 별들을 확인할 수 있다. 하지만 시잉이 좋지 않은 날에는 전체가 성운처럼 보일 것이다. 한국에서는 M13이 자오선을 지나갈 즈음, 천정 부근에서 관측할 수 있으니, 이런 날을 놓치지 말아야겠다. 또 대형 망원경을 통해서 관측할 기회가 생긴다면 3개의 날개를 가진 프로펠러 모양을 찾아보아라. 그 부분이 다른 부분보다 아주 조금 더 어두워 자세히 찾아보면 발견할 수 있을 것이다.

4. 찍을 거리

북천 제일의 구상성단만큼은 초점 거리가 1,000mm인 망원경으로도 꽤 훌륭하게 찍을 수 있다. M13을 촬영하면, 북동 방향으로 겉보기 크기 3′정도의 NGC 6207 은하도 귀엽게 화각 안으로 들어와 있을 것이다. NGC 6207은 초점 거리가 2,000mm 이내라면, M13을 중심으로 촬영했을 때 같은 화면에 들어오게 된다. 초점 거리가 그 이상이라면 더 안쪽의 귀여운 은하 PGC 2085077이 더 잘 보이게 된다.

5. 촬영 사진

Messier 14

messier guide

뱀주인자리 몸통에 있는 구상성단

분류: 구상성단

소속: 뱀주인자리(Ophiuchus)

겉보기 등급: 8.32

적경/적위: 17h 38m 41.46s / −3° 15′ 24.6″

거리: 9.300kpc

각크기: 11.0′

관측 시기: 여름

추천 – 안시: ★★★☆☆, 사진: ★★☆☆☆

"1764년 6월 1일,

별이 없는 성운, 뱀주인의 오른팔에서 발견되었고,

뱀자리의 제타성과 평행선 위에 위치한다. 이 성운

은 크지 않고, 희미하게 보인다. 그럼에도 불구하고

초점 거리 3.5피트(1,067mm)의 일반적인 망원경으로

관측할 수 있다. 두근 형상을 하고 있다(직경 7′)."

『Catalog of Nebulae and Star Clusters』

M14는 겉보기 크기 11′, 밝기 7.6등급으로 뱀주인자리에 있는 구상성단이다. M14는 뱀주인자리 몸통 부분에 같이 있는 M10이나 M12와 비슷한 적위 좌표상에서 찾을 수 있다. 보통 뱀주인자리의 몸통 부분이라고 분류되지만, 엄밀히 말해 M10과 M12는 몸통의 서쪽 부근에 나란히 놓여 있고, M14는 동쪽으로 약간 떨어져 있다.

1. 호핑 별 정보

1) η Oph(Sabik)

35 Oph, HIP 84012A

분류: 쌍성

겉보기 등급: 2.45

절대 등급: 0.39

적경/적위: 17h 11m 33.97s / −15° 44′ 56.4″

거리: 84.13ly

시차: 0.03877″

분광형: A2IV−V

2) v Ser

53 Ser, HIP 84880

분류: 쌍성

겉보기 등급: 4.30

절대 등급: 0.33

적경/적위: 17h 21m 59.69s / −12° 51′ 58.1″

거리: 203.21ly

분광형: A2V

3) HIP 84402

분류: 쌍성

겉보기 등급: 5.95

절대 등급: 1.08

적경/적위: 17h 16m 30.99s / −14° 36′ 22.3″

거리: 306.83ly

분광형: K1III

4) μ Oph

57 Oph, HIP 86284

분류: 항성

겉보기 등급: 4.55

절대 등급: −2.27

적경/적위: 17h 38m 58.38s / −8° 07′ 46.8″

거리: 754.99ly

분광형: B8III

5) HIP 86313

분류: 항성

겉보기 등급: 5.70

절대 등급: 0.34

적경/적위: 17h 39m 18.55s / −10° 56′ 12.9″

거리: 384.17ly

분광형: K1III

6) HIP 86019

분류: 쌍성

겉보기 등급: 5.50

절대 등급: 0.34

적경/적위: 17h 35m 55.57s / −11° 15′ 15.4″

거리: 402.17ly

분광형: B9V

7) o Ser

56 Ser, HIP 86565

분류: 변광성

겉보기 등급: 4.20

절대 등급: 0.57

적경/적위: 17h 42m 34.83s / −12° 53′ 04.6″

거리: 173.21ly

분광형: A3IV

8) HIP 85922

분류: 쌍성

겉보기 등급: 5.60

절대 등급: 2.19

적경/적위: 17h 34m 36.30s / −5° 45′ 29.9″

거리: 156.88ly

분광형: A5V

9) HIP 85365

분류: 쌍성

겉보기 등급: 4.50

절대 등급: 2.11

적경/적위: 17h 27m 43.99s / −5° 06′ 11.2″

거리: 98.09ly

분광형: F3V

2. 호핑 방법

1) 아래 그림과 같은 곳에 파인더를 두면 η Oph와 함께 주위 별 1, 2번 별이 보인다. 그러면 1번 별과 η Oph를 이은 만큼 2 번 별을 따라 2배 정도 파인더를 움직여준다.

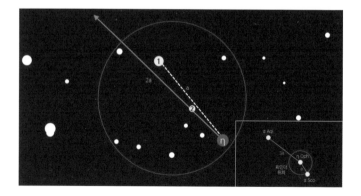

2) 움직이고 나면 3, 4, 5, 6번 별이 놓여 있다. 이때 6번 별에서 3번 별로 이동한 만큼(혹은 반만큼) 파인더를 움직여준다.

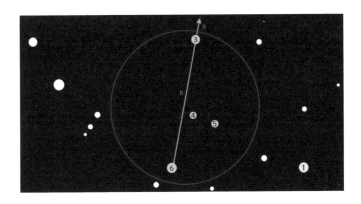

3) 그렇게 하면 3번 별과 함께 7, 8번 별이 보인다. M14는 3, 7번 별을 잇는 직선을 중심축으로 하여 8번 별에 대해 대략적으로 대칭된 위치에 놓여 있다.

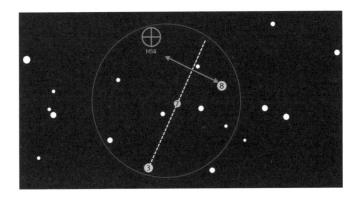

M14를 포착하는 방법은 여러 가지로 생각해볼 수 있다. 우선, 뱀주인자리 β별(베타/2.8등성)로부터 남남서로 8° 망원경을 향하는 방법이다. μ별(뮤/4.6등성)에서 정북 5° 망원경의 방향을 바꾸거나, η별(에타/3.2등성)에서 ξ별(크시/4.6등성)을 지나 거의 서쪽으로 6°약 망원경을 향해주는 방법 등이 있다. 근처의 맨눈 등급의 별은 번호가 없는 4.5등성이지만, 그 별에서 3° 정도 북동쪽을 찾는 것도 좋다. M10과 M12를 본 후라면, 서서히 동쪽으로 움직이면 M14가 보일 것이다.

3. 볼거리

수치상으로는 M14는 M10이나 M12보다 약간 작고 어두운 구상성단이라 다른 천체에 비해 확실히 어둡게 느껴질 것이다. 실제로 관측해보면 매우 뿌연 공과 같이 생겼다. 자세히 관측하면 조금 길쭉하여 타원은하처럼 생겼지만 필자는 뿌연 비치볼 같다고 느꼈다.

4. 찍을 거리

100~135mm 정도의 준 망원렌즈가 있다면, M10과 M12,

그리고 M14를 한 화면에 담을 수 있다. 좀 더 세밀하게 촬영하려면, 다른 구상성단과 마찬가지로 초점 거리는 2,000mm 이상이 되어야 한다.

Messier 15

페가수스 코 부분에 있는 커다란 구상성단

분류: 구상성단

소속: 페가수스자리(Pegasus)

겉보기 등급: 6.30

적경/적위: 21h 30m 54.22s / +12° 15′ 10.8″

거리: 10,000kpc

각크기: 18.0′

관측 시기: 가을

추천 – 안시: ★★★☆☆, **사진:** ★★☆☆☆

"1764년 5월 30일.

페가수스의 머리와 조랑말의 머리 사이에 별이 없는 성운, 중앙이 화려하고 둥근 형태를 가진다. 위치는 조랑말자리의 델타성과 비교해 결정되었다(직경 3′)."

『Catalog of Nebulae and Star Clusters』

겉보기 크기가 18′, 밝기가 6.3등급으로 크고 밝은 구상성단이다. 이 M15와 비슷한 적위 좌표상에는 물병자리의 구상성단인 M2와 염소자리의 구상성단인 M30이 있다. 이 3개의 구상성단은 같은 시간대에 자오선을 지나므로 망원경을 남북으로 향한 뒤 순서대로 비교해보면 좋겠다. M2는 비슷한 크기와 밝기를 가졌지만, M30은 약간 작은 편이다. M15에서 불과 15′ 정도 동쪽에는 M15와 비슷한 밝기의 6.1등성이 있다. 천체 망원경으로 관측하거나, 사진 촬영으로 동시에 확인할 수 있다. 거의 밝기가 같은 항성과 구상성단이 어떻게 다르게 보이는지 확인해보자.

1. 호핑 별 정보

1) ε Peg(Enif)

8 Peg, HIP 107315

분류: 맥동변광성, 쌍성

겉보기 등급: 2.35

절대 등급: -4.28

적경/적위: 21h 45m 7.94s / +9° 57′ 53.3″

거리: 689.55ly

시차: 0.00473″

분광형: K2Ib-II

2) HIP 107173

분류: 변광성

겉보기 등급: 6.05

절대 등급: -0.61

적경/적위: 21h 43m 29.47s / +10° 54′ 49.1″

거리: 699.91ly

분광형: B7III

3) HIP 106243

분류: 항성

겉보기 등급: 6.10

절대 등급: 0.20

적경/적위: 21h 32m 5.58s / +12° 13′ 25.4″

거리: 493.43ly

분광형: B9.5V

2. 호핑 방법

1) 아래의 그림처럼 파인더를 옮기면 파인더 시야에 ε Peg 1,
2번 별이 나온다.

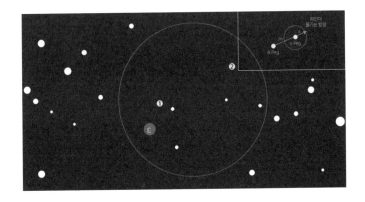

2) 파인더 중앙을 2번 별로 옮기면, 2번 별 바로 옆에 M15가
있음을 볼 수 있다.

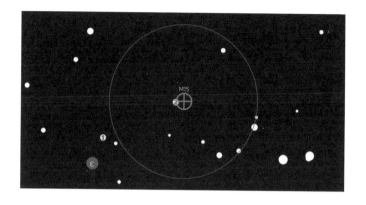

　M15가 있는 페가수스자리는 가을의 대표적인 커다란 별자리로, 그 안에서도 '가을철 대 사각형'이라고도 불리는 3개의 2등성과 1개의 3등성으로 이루어진 대형이 특징적이다. M15는 페가수스자리와 조랑말자리의 경계 근방, 페가수스 머리 앞, 아니 코앞이라고 하는 게 좋을듯한 위치에 있다. 페가수스자리 머리에 있는 별인 θ별(세타/3.5등급)에서 ε별(엡실론/2.4등급)을 연결하는 선을 약 0.5배 늘린 곳 근처에 망원경을 향하면 의외로 쉽게 찾을 수 있다.

3. 볼거리

　밤하늘이 충분히 어두운 장소라면 M15를 맨눈으로도 볼 수 있을지 모른다. 구경 35~50mm의 소형쌍안경으로 관찰하면,

M15가 확실히 항성은 아니라는 것을 볼 수 있다. 천체 망원경으로는 구경과 배율을 올릴수록 구상성단의 모양새가 보인다. M15는 수치상으로만 보면 헤라클레스 성단보다 작고 어둡지만, 실제로 관측해보면 이 둘을 견줄 수 있을 만큼 매력적인 구상성단 중 하나이다.

4. 찍을 거리

M15는 필수 관측 구상성단이라 자세하게 촬영하고 싶다면, 2,000mm가 넘는 초점 거리의 망원경 사용을 추천한다. M15는 안에서 행성상성운이 발견된 최초의 구상성단이다. 천문대급의 대형 망원경을 사용할 기회가 있다면 행성상성운 Pease 1을 담기 위해 도전해보자.

Messier 16
(Eagle Nebula)

Messier guide

**허블우주망원경이 촬영한 사진으로
익숙한 '창조의 기둥'이 있는 성운**

분류: 성운(전리수소영역) + 산개성단

소속: 뱀자리(Serpens)

겉보기 등급: 6.00

적경/적위: 18h 19m 57.76s / −13° 47′ 50.2″

거리: 1.7 kpc

각크기: 25.0′

관측 시기: 여름

추천 – 안시: ★★☆☆☆, **사진:** ★★★★☆

"1764년 6월 3일,

뱀자리 꼬리 근처에 위치한, 희미한 빛에 얽힌 작은 별들의 성단. 이 별자리의 제타별의 평행선에서 적은 거리에 있다. 작은 망원경으로 이 성단은 성운으로 보인다(직경 8')."

....

『Catalog of Nebulae and Star Clusters』

※ 작가의 첨언: '제타별의 평행선'이라는 부분은 붙어 원본을 번역해 보아도 잘 이해가 되지 않는데, M16의 위치를 생각해보면 제타별의 평행선은 제타별의 적경을 의미하는 것 같기도 하다.

여름철 은하수 한복판에 있는 천체로, 별자리 구역상으로는 뱀자리에 있다. 뱀자리는 땅꾼자리 양옆으로 머리와 꼬리 부분으로 나뉜 별자리인데, 그중 꼬리 부분에 M16이 위치해 있다. 성운(전리수소영역)인 IC 4703과 산개성단인 NGC 6611로 구성된 천체로, 허블우주망원경이 촬영해서 매우 잘 알려진 '창조의 기둥(Pillars of Creation)'이 위치한 성운이다. M16은 궁수자리 μ별에서부터 은하수를 따라 북쪽으로 스타 호핑을 하면 찾을 수 있다(아래 참고). 하지만 망원경으로 M8, M20, M17 등 은하수를 따라 있는 여러 천체를 천천히 보면서 M16을 찾아보는 것도 추천한다.

1. 호핑 별 정보

1) λ Sgr(Kaus Borealis)

22 Sgr, HIP 90496

분류: 항성

겉보기 등급: 2.80

절대 등급: 0.90

적경/적위: 18h 29m 7.63s / −25° 24′ 29.1″

거리: 78.18ly

시차: 0.04172″

분광형: K0IV

2) V4028 Sgr

HIP 89980

분류: 변광성

겉보기 등급: 6.15

절대 등급: −1.42

적경/적위: 18h 22m 40.63s / −24° 54′ 12.6″

거리: 1065.87ly

분광형: M5IIIa

3) 24 Sgr

HIP 91004

분류: 항성

겉보기 등급: 5.45

절대 등급: −3.56

적경/적위: 18h 35m 2.19s / −24° 00′ 53.9″

거리: 2064.28ly

분광형: K3III

4) 14 Sgr

HIP 89369

분류: 항성

겉보기 등급: 5.45

절대 등급: −0.26

적경/적위: 18h 15m 29.81s / −21° 42′ 20.9″

거리: 452.99ly

분광형: K2III

5) μ Sgr(Polis)

13 Sgr, HIP 89341

분류: 식변광성, 쌍성

겉보기 등급: 3.80

절대 등급: −11.43

적경/적위: 18h 14m 59.38s / −21° 03′ 05.7″

거리: 36239.60ly

분광형: B8Iab

6) 15 Sgr

HIP 89439

분류: 쌍성

겉보기 등급: 5.25

절대 등급: −9.75

적경/적위: 18h 16m 26.30s / −20° 43′ 13.1″

거리: 32615.64ly

분광형: O9.7I

7) 16 Sgr

HIP 89440

분류: 쌍성

겉보기 등급: 5.95

적경/적위: 18h 16m 26.17s / −20° 22′ 48.1″

분광형: O9.5III

8) Y Sgr

HIP 89968

분류: 맥동변광성

겉보기 등급: 5.75

절대 등급: −2.14

적경/적위: 18h 22m 35.34s / −18° 50′ 56.5″

거리: 1235.44ly

분광형: F8II

9) V4387 Sgr

HIP 89470

분류: 회전변광성, 쌍성

겉보기 등급: 6.00

절대 등급: −2.20

적경/적위: 18h 16m 43.04s / −18° 39′ 12.5″

거리: 1424.26ly

분광형: B9Ia

10) HIP 89609

분류: 항성

겉보기 등급: 5.80

절대 등급: −1.58

적경/적위: 18h 18m 23.22s / −17° 21′ 54.1″

거리: 976.52ly

분광형: K2III

11) HIP 89851

분류: 항성

겉보기 등급: 5.35

절대 등급: −0.67

적경/적위: 18h 21m 19.63s / −15° 49′ 17.5″

거리: 521.02ly

분광형: K3III

12) γ Sct

HIP 90595

분류: 항성

겉보기 등급: 4.65

절대 등급: −0.30

적경/적위: 18h 30m 21.96s / −14° 33′ 03.5″

거리: 319.45ly

분광형: A2V

2. 호핑 방법

1) λ Sgr 파인더 중앙에 놓으면 1번 별과 2번 별이 보인다. 1번 별과 2번 별이 직선을 이루고 있다고 생각하고, λ Sgr에서 이 직선에 수선의 발을 내린다. 그러면 λ Sgr에서 수선의 발까지 간 길이의 3배만큼 파인더를 움직여준다.

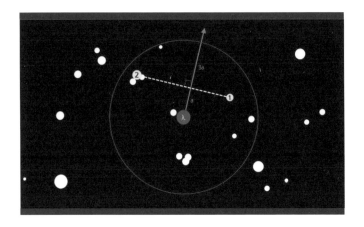

2) 옮기면 3, 4, 5, 6번 별이 옹기종기 모여 있는 것을 볼 수 있다. 그러면 3번 별에서 6번 별 방향으로 2배만큼 파인더를 움직여준다.

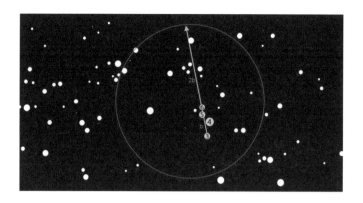

3) 그러면 7, 8, 9, 10번 별이 나온다. 여기서 7번 별에서 10번 별 방향으로 간 만큼의 반만큼 파인더를 움직여준다.

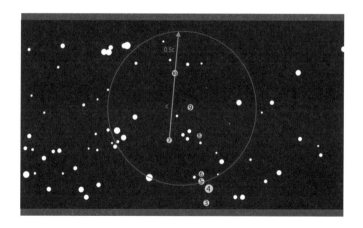

4) 옮겨가면 그 위치에 M16이 위치한다. 주변 별로는 10번, 11번 별 등이 있다.

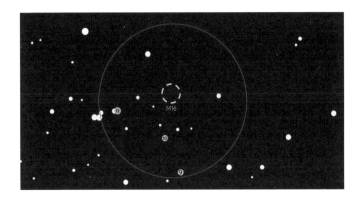

3. 볼거리

산개성단은 비교적 쉽게 관측할 수 있을 것이다. 성운을 보기 위해서는 UHC 필터 등 성운 관측용 필터를 사용하는 것을 추천한다. 성단 주위의 성운기는 비교적 작은 망원경에서도 보일 것이다. 하지만 창조의 기둥과 같은 구조를 눈으로 보기 위해서는 최소 250mm 이상의 대구경 망원경이 필요하다고 한다. 성운 자체가 엄청 잘 보이는 것은 아니어서 성운을 더 잘 보고 싶다면 근처 M17을 찾아보는 것도 추천한다. 필자는 2018년 여름, 대도시 근교의 관측지에서 200mm 구경의 돕소니언을 이용해서 M16을 관측했었다. 산개성단으로 보이지만, 필터를 사용하니 성운이 나타났던 것으로 기억한다. 관측 이후 남긴 간단한 스케치에는 성운을 두 덩어리로 기록했다.

4. 찍을 거리

은하수 속의 천체이고 근처에 M17이라는 성운도 있어서 광시야로 함께 촬영하면 멋있는 사진을 얻을 수 있을 것이다. 긴 초점 거리의 망원경을 사용한다면 창조의 기둥 등 성운 내부의 구조를 담아보자. 또, 전리수소영역은 수소의 방출선 파장에서 강한 빛을 내므로, H-a 필터와 같은 협대역 필터를 사용하면 성운의 디테일과 콘트라스트를 잘 살려서 촬영할 수 있을 것이다. 성운이 붉은색으로 촬영되는 것 또한 656.3nm에 위치한 수소의 H-a 방출선의 영향이 크다. 특히, 협대역 필터를 사용하면 도심에서도 촬영할 수 있다. SII 필터, H-a 필터, OIII 필터로 각각 촬영해, R 채널에 SII, G 채널에 H-a, B 채널에 OIII 데이터를 활용하면 허블우주망원경이 촬영한 독수리 성운 사진과 비슷한 분위기를 내볼 수 있다. R 채널로는 H-a, G와 B 채널로 OIII 데이터를 사용한 HOO 방식의 사진에서는 true color와 가까운 모습의 사진을 얻을 수 있을 것이다. 각 채널에 H-a와 OIII를 2:8, 3:7 등 다양한 비율로 혼합해서 사용해보는 것도 또 다른 재미가 될 것이다. 어두운 하늘이라면 일반적인 RGB 촬영으로도 멋있는 성운의 모습을 촬영할 수 있을 것이다. 붉은빛의 성운과 내부에 있는 창조의 기둥과 같은 구조를 직접 촬영해보자.

메시에 가이드 |

Messier 17
(Swan Nebula)

Messier guide

궁수자리 은하수 한복판에 위치한
오리 모양의 밝은 성운

분류: 성운(전리수소영역) + 산개성단

소속: 궁수자리(Sagittarius)

겉보기 등급: 6.00

적경/적위: 18h 21m 58.00s / −16° 09′ 40.6″

거리: 1.5 kpc

각크기: 45.0′ x 35.0′

관측 시기: 여름

추천 – 안시: ★★★☆☆, **사진:** ★★★★☆

"1764년 6월 3일,

방추 형태로 5~6분 정도 크기의 별이 없는 빛줄기.

안드로메다의 벨트에 있는 것(M31)과 조금 비슷하지

만 매우 희미한 빛으로 되어 있다. 적도에 평행히

게, 또 근처에 망원경으로 보이는 2개의 별이 놓여

있다. 좋은 하늘에서 이 성운은 초점 거리 3.5피트

의 평범한 망원경으로도 매우 잘 관측된다. 1781년

3월 22일 다시 관측함(직경 5´)."

『Catalog of Nebulae and Star Clusters』

궁수자리 은하수에 위치한 밝은 성운(전리수소영역)이다. 궁수
자리의 밝은 별들로부터 비교적 멀리 떨어져 있긴 하지만, 성
운 자체는 쉽게 관측된다. 실제로 작가의 경험에 비추어보면,
이보다 잘 보이는 메시에 목록의 전리수소영역은 오리온 대성
운과 석호성운 정도뿐인 것 같다. 35개 정도의 별들로 이루어
진 작은 성단이 성운 속에 묻혀 있다고 한다. 백조 성운에서 백
조의 모습은 다양하게 해석할 수 있겠지만, 필자는 성운의 밝
은 빛 막대를 몸통, 빛 막대에서 갈고리 모양으로 꺾여진 부분
을 백조의 머리로 생각하곤 한다. M17은 궁수자리 μ별에서부
터 은하수를 따라 북쪽으로 스타 호핑을 하면 찾을 수 있다(아래

참고). 하지만 망원경으로 M8, M20 등 은하수를 따라 있는 여러 천체를 천천히 보면서 M17을 찾아보는 것도 추천한다.

1. 호핑 별 정보

1) λ Sgr(Kaus Borealis)

22 Sgr, HIP 90496

분류: 항성

겉보기 등급: 2.80

절대 등급: 0.90

적경/적위: 18h 29m 7.63s / −25° 24′ 29.1″

거리: 78.18ly

시차: 0.04172″

분광형: K0IV

2) V4028 Sgr

HIP 89980

분류: 변광성

겉보기 등급: 6.15

절대 등급: −1.42

적경/적위: 18h 22m 40.63s / −24° 54′ 12.6″

거리: 1065.87ly

분광형: M5IIIa

3) 24 Sgr

HIP 91004

분류: 항성

겉보기 등급: 5.45

절대 등급: −3.56

적경/적위: 18h 35m 2.19s / −24° 00′ 53.9″

거리: 2064.28ly

분광형: K3III

4) 14 Sgr

HIP 89369

분류: 항성

겉보기 등급: 5.45

절대 등급: −0.26

적경/적위: 18h 15m 29.81s / −21° 42′ 20.9″

거리: 452.99ly

분광형: K2III

5) μ Sgr (Polis)

13 Sgr, HIP 89341

분류: 식변광성, 쌍성

겉보기 등급: 3.80

절대 등급: −11.43

적경/적위: 18h 14m 59.38s / −21° 03′ 05.7″

거리: 36239.60ly

분광형: B8Iab

6) 15 Sgr

HIP 89439

분류: 쌍성

겉보기 등급: 5.25

절대 등급: −9.75

적경/적위: 18h 16m 26.30s / −20° 43′ 13.1″

거리: 32615.64ly

분광형: O9.7I

7) 16 Sgr

HIP 89440

분류: 쌍성

겉보기 등급: 5.95

적경/적위: 18h 16m 26.17s / −20° 22′ 48.1″

분광형: O9.5III

8) Y Sgr

HIP 89968

분류: 맥동변광성

겉보기 등급: 5.75

절대 등급: −2.14

적경/적위: 18h 22m 35.34s / −18° 50′ 56.5″

거리: 1235.44ly

분광형: F8II

9) V4387 Sgr

HIP 89470

분류: 회전변광성, 쌍성

겉보기 등급: 6.00

절대 등급: −2.20

적경/적위: 18h 16m 43.04s / −18° 39′ 12.5″

거리: 1424.26ly

분광형: B9Ia

10) HIP 89609

분류: 항성

겉보기 등급: 5.80

절대 등급: −1.58

적경/적위: 18h 18m 23.22s / −17° 21′ 54.1″

거리: 976.52ly

분광형: K2III

11) HIP 89851

분류: 항성

겉보기 등급: 5.35

절대 등급: −0.67

적경/적위: 18h 21m 19.63s / −15° 49′ 17.5″

거리: 521.02ly

분광형: K3III

2. 호핑 방법

1) λ Sgr 파인더 중앙에 놓으면 1번 별과 2번 별이 보인다. 1번 별과 2번 별이 직선을 이루고 있다고 생각하고, λ Sgr에서 이 직선에 수선의 발을 내린다. 그러면 λ Sgr에서 수선의 발까

지 간 길이의 3배만큼 파인더를 움직여준다.

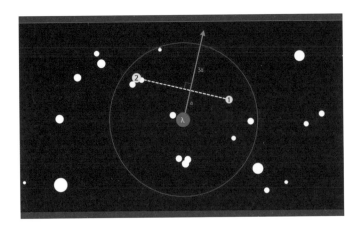

2) 옮기면 3, 4, 5, 6번 별이 옹기종기 모여 있는 것을 볼 수 있다. 그러면 3번 별에서 6번 별 방향으로 2배만큼 파인더를 움직여준다.

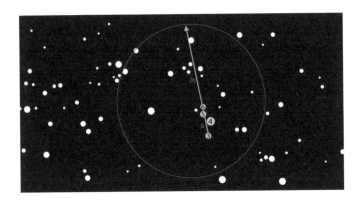

3) 그러면 7, 8, 9, 10번 별이 나온다. M17은 10번 별, M18은 9번 별, M24는 7번 별과 8번 별 사이에 위치한다.

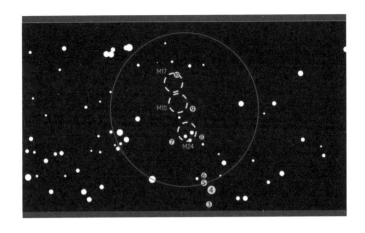

3. 볼거리

비교적 밝은 하늘 또는 소형 망원경에서도 성운의 빛 막대는 잘 보일 것이다. 어두운 하늘에서, 또는 대구경 망원경을 사용해서 성운의 전체적인 모습을 살펴보면서, 밝은 빛 막대 끝에 백조의 머리에 해당하는 부분(갈고리 모양)도 찾아보자. 메시에 목록의 천체 중에서 비교적 밝고 잘 보이는 성운이다. 필자는 2017년 9월, 대도시 근교의 관측지에서 200mm 구경의 돕소니언으로 60배에서 M17을 관측했었다. M17은 뿌연 빛 막대(백조의 몸통에 해당하는 부분)로 보였던 것 같다.

4. 찍을 거리

  은하수 속의 천체로, M16과 함께 광각 시야로 촬영하면 멋
있는 작품을 얻을 수 있을 것이다. 안시관측 시 보이는 중심 부
분 바깥쪽으로도 성운이 퍼져 있는데, 장노출 사진으로 해당
부분까지 같이 담아보자. 전리수소영역이므로 H-a 필터를 활
용한 협대역 사진에서도 성운의 구조가 잘 드러나니 도심에서
도 협대역 촬영으로 멋있는 사진을 얻을 수 있을 것이다. 별이
새로 태어나는 영역이지만, 다른 성운과는 다르게 가시광선 이
미지에서는 이 별들이 잘 드러나지는 않는다.

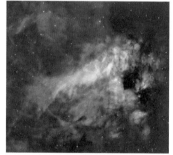

Messier 18
(Black Swan Cluster)

Messier guide

궁수자리 은하수 한복판,
M17 근처에 위치한 작은 산개성단

분류: 산개성단

소속: 궁수자리(Sagittarius)

겉보기 등급: 7.50

적경/적위: 18h 21m 09.52s / −17° 05′ 30.1″

거리: 1.3 kpc

각크기: 5.0′ x 5.0′

관측 시기: 여름

추천 – 안시: ★★☆☆☆, 사진: ★★☆☆☆

"1764년 6월 3일,

약간의 성운기로 둘러싸인, 위의 17번 성운 조금
아래 작은 별들의 성단으로 이 성단은 앞선 16번보
다 덜 분명하다. 초점 거리 3.5피트의 평범한 망원
경으로 이 성단은 성운으로 보이지만 좋은 망원경
으로는 별들만 보인다(직경 5′)."

『Catalog of Nebulae and Star Clusters』

궁수자리 은하수에 위치한 산개성단으로, 특색이 별로 없어
서 많이 관측되는 천체는 아니다. 별의 개수가 적고 그리 멋있
지는 않은 성단이지만 M17 근처에 위치해 있어서 성운을 관측
하고 한 번쯤 보기 좋은 성단이다. 트럼플러의 산개성단 분류
에서는 II3pn으로 분류된다. M18은 궁수자리 μ별에서부터 은
하수를 따라 북쪽으로 스타 호핑을 하면 M17 근처에서 찾을
수 있다.

1. 호핑 별 정보

1) λ Sgr(Kaus Borealis)
22 Sgr, HIP 90496

분류: 항성

겉보기 등급: 2.80

절대 등급: 0.90

적경/적위: 18h 29m 7.63s / −25° 24′ 29.1″

거리: 78.18ly

시차: 0.04172″

분광형: K0IV

2) V4028 Sgr

HIP 89980

분류: 변광성

겉보기 등급: 6.15

절대 등급: −1.42

적경/적위: 18h 22m 40.63s / −24° 54′ 12.6″

거리: 1065.87ly

분광형: M5IIIa

3) 24 Sgr

HIP 91004

분류: 항성

겉보기 등급: 5.45

절대 등급: −3.56

적경/적위: 18h 35m 2.19s / −24° 00′ 53.9″

거리: 2064.28ly

분광형: K3III

4) 14 Sgr

HIP 89369

분류: 항성

겉보기 등급: 5.45

절대 등급: −0.26

적경/적위: 18h 15m 29.81s / −21° 42′ 20.9″

거리: 452.99ly

분광형: K2III

5) μ Sgr(Polis)

13 Sgr, HIP 89341

분류: 식변광성, 쌍성

겉보기 등급: 3.80

절대 등급: −11.43

적경/적위: 18h 14m 59.38s / −21° 03′ 05.7″

거리: 36239.60ly

분광형: B8Iab

6) 15 Sgr

HIP 89439

분류: 쌍성

겉보기 등급: 5.25

절대 등급: −9.75

적경/적위: 18h 16m 26.30s / −20° 43′ 13.1″

거리: 32615.64ly

분광형: O9.7I

7) 16 Sgr

HIP 89440

분류: 쌍성

겉보기 등급: 5.95

적경/적위: 18h 16m 26.17s / −20° 22′ 48.1″

분광형: O9.5III

8) Y Sgr

HIP 89968

분류: 맥동변광성

겉보기 등급: 5.75

절대 등급: −2.14

적경/적위: 18h 22m 35.34s / −18° 50′ 56.5″

거리: 1235.44ly

분광형: F8II

9) V4387 Sgr

HIP 89470

분류: 회전변광성, 쌍성

겉보기 등급: 6.00

절대 등급: −2.20

적경/적위: 18h 16m 43.04s / −18° 39′ 12.5″

거리: 1424.26ly

분광형: B9Ia

10) HIP 89609

분류: 항성

겉보기 등급: 5.80

절대 등급: −1.58

적경/적위: 18h 18m 23.22s / −17° 21′ 54.1″

거리: 976.52ly

분광형: K2III

11) HIP 89851

분류: 항성

겉보기 등급: 5.35

절대 등급: −0.67

적경/적위: 18h 21m 19.63s / −15° 49′ 17.5″

거리: 521.02ly

분광형: K3III

2. 호핑 방법

1) λ Sgr 파인더 중앙에 놓으면 1번 별과 2번 별이 보인다. 1번 별과 2번 별이 직선을 이루고 있다고 생각하고, λ Sgr에서 이 직선에 수선의 발을 내린다. 그러면 λ Sgr에서 수선의 발까지 간 길이의 3배만큼 파인더를 움직여준다.

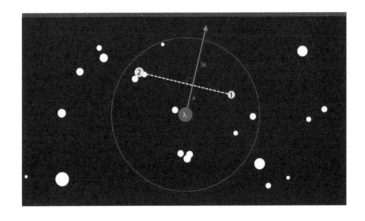

2) 옮기면 3, 4, 5, 6번 별이 옹기종기 모여 있는 것을 볼 수
있다. 그러면 3번 별에서 6번 별 방향으로 2배만큼 파인더를
움직여준다.

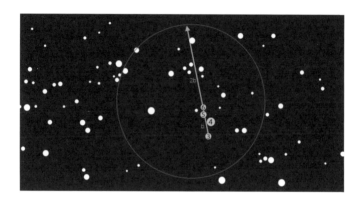

3) 그러면 7, 8, 9, 10번 별이 나온다. M17은 10번 별, M18
은 9번 별, M24는 7번 별과 8번 별 사이에 위치한다.

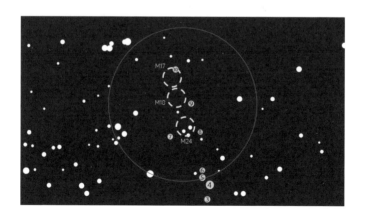

3. 볼거리

많은 것을 볼 수 있는 성단은 아니지만, 은하수에 위치한 다른 천체들을 찾으면서 관측해보는 것도 나쁘지 않을 것 같다. 1~20개 정도의 별들이 모인 산개성단으로, 비교적 작은 망원경에서도 볼 수 있을 것이다. 필자는 2018년 7월, 대도시 근교의 관측지에서 200mm 구경의 돕소니언으로 M18을 관측했었다. 성단 내에서 고리 모양으로 배치된 별들을 보았던 것 같다.

4. 찍을 거리

산개성단만 촬영하기 위해서는 노출시간을 성운이나 은하에 비해서는 줄여도 별들은 잘 나올 것이다. 일반적으로 산개성단의 경우에는 별 상과 별의 색을 살리는 것이 중요하기 때문에 이를 신경 쓰면서 촬영하

는 것을 추천한다. 다만 M18만 촬영하면 다소 밋밋할 것이기 때문에 넓은 화각의 망원경으로 M17과 은하수의 수많은 별들을 함께 촬영하는 것을 추천한다.

Messier 19

Messier guide

알려진 구상성단 가운데
가장 편평도가 큰 구상성단 가운데 하나

분류: 구상성단

소속: 땅꾼자리(Ophiuchus)

겉보기 등급: 6.80

적경/적위: 17h 03m 54.75s / −26° 17′ 46.2″

거리: 8.6 kpc

각크기: 9.6′ x 9.6′

관측 시기: 여름

추천 – 안시: ★★★☆☆, 사진: ★★★☆☆

"1764년 6월 5일,

안타레스의 평행선에 위치한 별이 없는 성운으로
전갈자리와 땅꾼자리의 오른발 사이에 있다. 이 성
운은 둥글고, 3.5피트 초점 거리의 평범한 망원경
으로 매우 잘 볼 수 있다. 알려진 성운에서 가장 가
까이 위치한 이웃 별은 플램스티드의 땅꾼자리 28
번 별로, 6등급의 별이다(직경 3′)."

『Catalog of Nebulae and Star Clusters』

* 작가의 첨언: 안타레스의 평행선이라는 말은, M19의 위치
를 생각해 보았을 때 안타레스의 적위를 의미하는 것으로 생
각된다.

안타레스 동쪽에 위치한 구상성단으로, 알려진 구상성단 가
운데 가장 편평도가 큰 천체 중 하나이다. 구상성단의 실제 위
치는 은하 중심에서 5,200광년 정도로 가까이 위치해 있는데,
이 때문에 성단의 특이한 모양이 나타난다는 의견이 있다. 또
한 은하 중심 근처의 성간물질 때문에 구상성단의 정확한 거리
를 알아내기 어렵다고도 한다. 섀플리의 분류에서 VIII로 분류
된다. M19를 찾기 위해서는 전갈자리 안타레스 북서쪽에 위치
한 3개의 별들(전갈자리의 '머리'에 해당하는 부분으로 그라피아스, 드슈

바, 그리고 전갈자리 파이 별에 해당한다) 가운데 가장 남쪽의 전갈자리 파이 별을 우선 찾는다. 전갈자리 파이 별에서 안타레스에 대하여 대칭점에 해당하는 위치에 M19가 있다.

1. 호핑 별 정보

1) η Oph(Sabik)
35 Oph, HIP 84012A
분류: 쌍성
겉보기 등급: 2.45
절대 등급: 0.39
적경/적위: 17h 11m 33.97s / −15° 44′ 56.4″
거리: 84.13ly
시차: 0.03877″
분광형: A2IV−V

2) HIP 84402
분류: 쌍성
겉보기 등급: 5.95
절대 등급: 1.08
적경/적위: 17h 16m 30.99s / −14° 36′ 22.3″

거리: 306.83ly

분광형: K1III

3) HIP 84649

분류: 항성

겉보기 등급: 6.25

절대 등급: −0.76

적경/적위: 17h 19m 30.30s / −16° 19′ 56.3″

거리: 823.63ly

분광형: M2III

4) HIP 84792A

분류: 쌍성

겉보기 등급: 6.25

절대 등급: 2.97

적경/적위: 17h 21m 05.73s / −17° 46′ 35.1″

거리: 373.18ly

분광형: A0V

5) HIP 83854

분류: 항성

겉보기 등급: 5.95

절대 등급: 0.65

적경/적위: 17h 09m 27.08s / −17° 38′ 05.0″

거리: 374.89ly

분광형: K0III

6) ξ Oph(Aggia)

40 Oph, HIP 84893

분류: 쌍성

겉보기 등급: 4.35

절대 등급: 3.15

적경/적위: 17h 22m 14.98s / −21° 07′ 58.3″

거리: 56.60ly

분광형: F2V

7) c Oph

51 Oph, HIP 85755

분류: 항성

겉보기 등급: 4.75

절대 등급: −0.72

적경/적위: 17h 32m 40.98s / −23° 58′ 36.4″

거리: 405.67ly

분광형: B9.5IIIe

8) b Oph

44 Oph, HIP 85340

분류: 항성

겉보기 등급: 4.15

절대 등급: 2.12

적경/적위: 17h 27m 38.34s / −24° 11′ 33.2″

거리: 83.16ly

분광형: A3MF0(IV)

9) θ Oph(Garafsa)

42 Oph, HIP 84970

분류: 맥동변광성

겉보기 등급: 3.25

절대 등급: −2.38

적경/적위: 17h 23m 17.12s / −25° 01′ 05.9″

거리: 436.04ly

분광형: B2IV

10) o Oph A

39 Oph A, HIP 84626A

분류: 쌍성

겉보기 등급: 5.10

절대 등급: −0.13

적경/적위: 17h 19m 16.72s / −24° 18′ 27.3″

거리: 363.20ly

분광형: G8III

11) 36 Oph

HIP 84405A

분류: 쌍성

겉보기 등급: 5.00

절대 등급: 6.11

적경/적위: 17h 16m 37.88s / −26° 37′ 41.4″

거리: 19.52ly

분광형: K2V

12) 26 Oph

HIP 83196

분류: 항성

겉보기 등급: 5.70

절대 등급: 3.06

적경/적위: 17h 01m 25.89s / −25° 01′ 07.9″

거리: 109.93ly

분광형: F3V

13) HIP 83176

분류: 항성

겉보기 등급: 5.85

절대 등급: 3.06

적경/적위: 17h 01m 14.05s / −25° 07′ 18.6″

거리: 540.89ly

분광형: M1/2III

2. 호핑 방법

1) 다음 그림과 같은 곳에 파인더를 두면 η Oph와 함께 주위 별 1, 2, 3, 4번 별이 보인다. 여기서 2번 별과 4번 별을 잇는 가상의 선이 있다고 생각하고, 이 선의 길이를 a라고 하자. 그러면 이 선을 수직 이등분하는 방향으로 3번만큼 더 간다(이 부분이 관측 경험이 풍부하지 않다면 힘들 수도 있다).

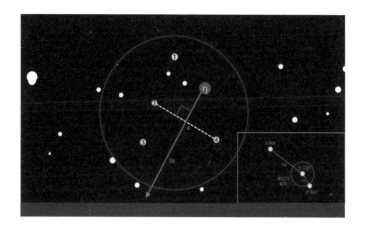

2) 파인더를 움직이고 나면 5, 6, 7, 8, 9번 별이 놓여져 있는 것을 볼 수 있는데, 7번 별과 8번 별을 잇는 가상의 선을 생각하여 이에 평행하게 9번 별에서 2배만큼 움직여준다.

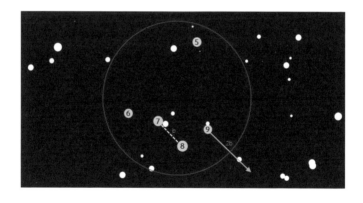

3) 그렇게 하면(9번 별과 함께) 10, 11, 12번 별이 한 시야 안에

들어와 있는 것을 볼 수 있다. 특히, 11, 12번 별은 서로 붙어 있다(참고로 이 두 별은 쌍성 관계가 아니다). M19는 11, 12번 별에 더 가까이 놓여 있다.

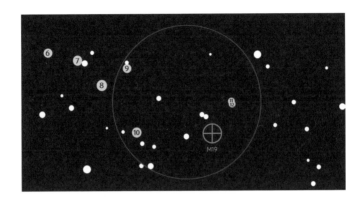

3. 볼거리

구상성단의 납작한 모습을 직접 눈으로 확인해보자. 7등급 정도로 밝기 때문에 소형 망원경에서도 잘 보일 것이다. 하지만 대부분의 구상성단이 그렇듯이 작은 망원경으로는 중심부가 밝은 뿌연 공 모양으로 보일 것이다. M19 내의 별들 중 가장 밝은 별들은 14등급 정도이고, 성단의 별들은 8인치 내외의 구경을 가진 망원경에서부터 분해가 가능할 것이다.

4. 찍을 거리

  구상성단의 경우, 지나치게 saturated 되는 것을 피하고 중심부와 가장자리가 모두 잘 나오게 촬영하는 것이 좋다. M19 같은 경우에는 장초점의 망원경을 사용해서 별들을 분해하여 촬영해보자.

Messier 20
(Trifid Nebula)

Messier guide

붉은색 전리수소영역과 푸른색 반사성운,
그리고 삼렬성운이라는 이름이 붙게 된
여러 갈래의 암흑대가 공존하는 멋있는 성운

분류: 성운(전리수소영역, 반사성운) + 산개성단

소속: 궁수자리(Sagittarius)

겉보기 등급: 6.30

적경/적위: 18h 03m 50.31s / −22° 58′ 07.6″

거리: 1.3 kpc

각크기: 28.0′

관측 시기: 여름

추천 – 안시: ★★★☆☆, 사진: ★★★★★

"1764년 6월 5일,

황도 약간 위쪽 궁수의 활과 땅꾼의 오른쪽 발 사이

에 위치한 별들의 성단. 1781년 3월 22일 다시 관

측함."

『Catalog of Nebulae and Star Clusters』

궁수자리 은하수 한복판에 있는 성운으로, 붉은색의 전리수
소영역이 둥글게 있고 그 북쪽으로 푸른색의 반사성운이 공존
한다. 전리수소영역에는 크게 세 갈래의 암흑대가 지나는데,
'삼렬성운'이라는 이름이 붙게 된 것도 이 암흑대 때문이다. 석
호성운 바로 북쪽에 위치해 있으며, 황도 또한 근처를 지나고
동지점 역시 이 주변에 있다. 대부분의 성운이 그렇듯이 안시
관측으로는 색깔을 볼 수 없고, 삼렬성운 자체가 오리온성운이
나 석호성운에 비해서도 밝지 않기 때문에 눈으로 본다면 생각
보다는 실망스러울 수 있다. 하지만 천체사진을 촬영하게 되면
붉은색과 푸른색의 조화가 드러나는 아주 멋진 천체임이 틀림
없다고 생각하게 될 것이다. 필자 역시 천체 중 성운을 특히 좋
아하는데, 그중에서도 삼렬성운을 무척이나 좋아한다(다만 실제
안시관측에 있어서는 오리온성운이 불변의 1위이다).

M20은 석호성운 가까이 위치한 천체이다. 궁수자리의

Nunki가 Kaus Borealis에 대하여 대칭이 되는 지점에 석호성운(M8)이 위치해 있다. Kaus Borealis와 그 북쪽의 궁수자리 μ별과 삼각형을 이루는 지점으로도 M8을 찾을 수 있는데, 석호성운 내에 위치한 NGC 6530은 파인더로도 보이므로 먼저 석호성운을 찾고 삼렬성운을 찾으면 쉽게 관측할 수 있을 것이다.

1. 호핑 별 정보

1) λ Sgr(Kaus Borealis)
22 Sgr, HIP 90496
분류: 항성
겉보기 등급: 2.80
절대 등급: 0.90
적경/적위: 18h 29m 7.63s / −25° 24′ 29.1″
거리: 78.18ly
시차: 0.04172″
분광형: K0IV

2) V4028 Sgr
HIP 89980
분류: 변광성

겉보기 등급: 6.15

절대 등급: −1.42

적경/적위: 18h 22m 40.63s / −24° 54′ 12.6″

거리: 1065.87ly

분광형: M5IIIa

3) 1 Sgr

11 Sgr, HIP 89153

분류: 쌍성

겉보기 등급: 4.95

절대 등급: 0.48

적경/적위: 18h 12m 52.01s / −23° 41′ 38.6″

거리: 256.01ly

분광형: K0III

4) 4 Sgr

HIP 88116

분류: 항성

겉보기 등급: 4.70

절대 등급: −0.83

적경/적위: 18h 00m 56.32s / −23° 48′ 52.2″

거리: 415.49ly

분광형: B9.5II-III

2. 호핑 방법

1) λ Sgr를 파인더 시야에 두면 1번 별이 보인다. 그러면 λ Sgr와 1번 별 사이의 2배만큼 연장하여 파인더를 옮긴다.

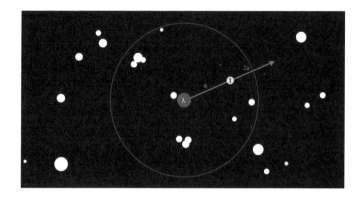

2) 그러면 2번 별과 3번 별이 보이는데, 그 주위로 M8, M20, M21, NGC 6530이 보인다. 1번과 2번 별 사이를 연장한 쪽에는 M20과 M21이, 2번 별과 3번 별을 기준으로 M20, M21과 대칭한 위치에 있는 곳에는 M8과 NGC 6530이 있다.

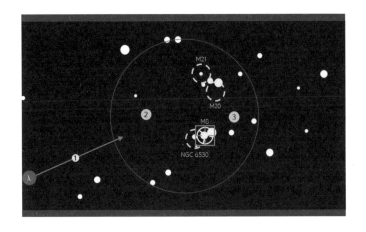

3. 볼거리

 필자의 경우, 8인치 돕소니언으로 관측했을 때 하늘이 밝아서인지 사진에서 보여주는 모습과는 다르게 멋있는 모습으로 보이지는 않았다. 어두운 하늘에서 관측한다면 소형 망원경으로 성운은 물론 암흑대까지 보인다고 하니 이를 관측해보는 것도 좋을 것이다. 남쪽의 석호성운과 북동쪽의 M21 산개성단까지 함께 관측해보자. 전리수소영역과 반사성운이 빛을 내는 원리가 다르기 때문에(전리수소영역은 별의 에너지에 의해 원자들이 전리되는 일련의 과정을 통해서 빛을 내서 몇몇 파장에서 빛이 강하게 방출되는 반면, 반사성운은 별빛이 성간물질에 산란된 것이 관측되는 천체이므로 특정한 파장에서 빛이 강하게 방출되지는 않는다), 몇몇 방출선의 파장 영역만 통과시키는 성운 필터를 사용하면 반사성운은 오히려 더 어두워진다. 필자는 2018년 6월, 대도시 근교의 관측지에서 200mm 돕소니언을 사용해 M20을 관측한 적이 있다. 생각보다 희미하게 관측된 뿌연 성운이었던 것 같은데, 별 주위로 원형의 성운을 관측했던 것 같다. 하늘이 도시 근교였던 탓도 있겠지만 생각보다 실망스럽게 보였던 것 같아서 어두운 하늘에서 다시 한번 보고 싶은 천체이다.

4. 찍을 거리

사진으로 촬영했을 때에는 메시에 천체 중에 가장 아름다운 천체 중 하나이다. 먼저, 망원렌즈를 활용해서는 근처의 M8, M21, 은하수를 함께 촬영할 수 있는데 이 영역은 많은 천체사진가들이 촬영하는 지역이다. 붉은색과 푸른색의 성운, 그리고 많은 별들을 함께 촬영할 수 있다. 비교적 초점 거리가 긴 망원경을 사용해서 삼렬성운만을 찍는다면 붉은색의 전리수소영역과 푸른색의 반사성운을 모두 잘 촬영하는 것이 관건이다. 특히 H-a 필터 등을 사용하면 전리수소영역은 촬영이 잘 되지만 반사성운은 촬영하기 어렵다. 그렇기에 붉은색과 푸른색의 대비를 담아내기 위해서는 무엇보다 좋은 하늘이 필수이다. 필자는 2022년 봄, 동아리 선배들과 충남 청양으로 간 관측에서 삼렬성운을 처음으로 찍어보았다. 그때 찍은 사진들 중 가장 마음에 드는 사진 가운데 하나가 삼렬성운일 정도로 천체사진에 있어서는 매우 멋있는 천체이다.

Messier guide

Messier 21
(Webb's Cross Cluster)

Messier guide

삼렬성운 근처에 있는,
은하수 한복판의 작은 산개성단

분류: 산개성단

소속: 궁수자리(Sagittarius)

겉보기 등급: 6.50

적경/적위: 18h 05m 21.02s / −22° 29′ 09.9″

거리: 1.2 kpc

각크기: 14.0′ x 14.0′

관측 시기: 여름

추천 − 안시: ★★☆☆☆, **사진:** ★★☆☆☆

"1764년 6월 5일,

앞선 천체(M20) 근처의 성단: 이들 두 성단으로부터 가장 가까이 위치한 알려진 별은 궁수자리 11번 별로 플램스티드에 따르면 7등급이다. 이 두 성단의 별들은 8~9등급으로 성운기로 감싸져 있다."

『Catalog of Nebulae and Star Clusters』

삼렬성운 북동쪽에 위치한 작은 산개성단으로, 꽤 밀집해 있고 밝기도 비교적 밝지만 별의 개수나 천체의 관측되는 크기 면에서 엄청 인상적인 천체는 아니다. 2022년 1월 기준으로 허블 우주망원경으로 촬영되지 않은 몇 안 되는 메시에 목록의 천체이다. 트럼플러의 산개성단 분류에서 I3r 또는 I3p로 분류된다. M21은 삼렬성운에서 북동쪽 방향으로 가까이 위치해 있다.

1. 호핑 별 정보

1) λ Sgr(Kaus Borealis)

22 Sgr, HIP 90496

분류: 항성

겉보기 등급: 2.80

절대 등급: 0.90

적경/적위: 18h 29m 7.63s / −25° 24′ 29.1″

거리: 78.18ly

시차: 0.04172″

분광형: K0IV

2) V4028 Sgr

HIP 89980

분류: 변광성

겉보기 등급: 6.15

절대 등급: −1.42

적경/적위: 18h 22m 40.63s / −24° 54′ 12.6″

거리: 1065.87ly

분광형: M5IIIa

3) 1 Sgr

11 Sgr, HIP 89153

분류: 쌍성

겉보기 등급: 4.95

절대 등급: 0.48

적경/적위: 18h 12m 52.01s / −23° 41′ 38.6″

거리: 256.01ly

분광형: K0III

4) 4 Sgr

HIP 88116

분류: 항성

겉보기 등급: 4.70

절대 등급: −0.83

적경/적위: 18h 00m 56.32s / −23° 48′ 52.2″

거리: 415.49ly

분광형: B9.5II−III

2. 호핑 방법

1) λ Sgr를 파인더 시야에 두면 1번 별이 보인다. 그러면 λ Sgr와 1번 별 사이의 2배만큼 연장하여 파인더를 옮긴다.

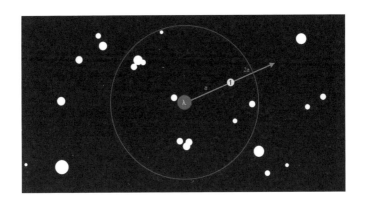

2) 그러면 2번 별과 3번 별이 보이는데, 그 주위로 M8,
M20, M21, NGC 6530이 보인다. 1번과 2번 별 사이를 연장
한 쪽에는 M20과 M21이, 2번 별과 3번 별을 기준으로 M20,
M21과 대칭한 위치에 있는 곳에는 M8과 NGC 6530이 있다.

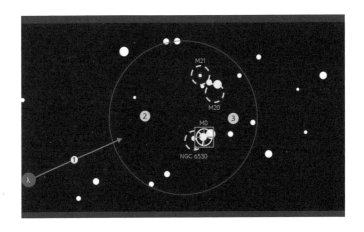

3. 볼거리

 엄청 멋있는 산개성단은 아니지만 M8과 M20을 관측하고 한 번쯤 보는 것을 추천한다. 필자는 2018년 6월, 대도시 근교의 관측지에서 200mm 돕소니언을 이용해서 M21을 관측했었다. 필자가 남긴 M21의 스케치에는 별 몇 개만이 그려져 있다(물론 기록을 목적으로 간단한 스케치를 해서 안 그린 별들도 많을 것이고, 그냥 눈에 들어오는 몇 개 별만을 그렸을 것이긴 하다).

4. 찍을 거리

 근처의 석호성운과 삼렬성운을 광시야로 함께 촬영하는 것을 추천한다. 산개성단만 촬영하면 밋밋한 경우가 많기 때문에, 다른 대상과 함께 촬영하는 것이 좋다. 성단 자체는 작기 때문에 초점 거리가 비교적 긴  망원경을 사용해서 촬영해도 될 것이다. 성단만 촬영한다면 별의 색깔과 별 상을 살리는 데 집중하자.

Messier 22
(Great Sagittarius Cluster)

메시에 목록에서 가장 밝은 구상성단이지만
남쪽 하늘에 위치해 북반구에서는
M13에 밀리는 천체

분류: 구상성단

소속: 궁수자리(Sagittarius)

겉보기 등급: 5.10

적경/적위: 18h 37m 32.57s / −23° 53′ 10.6″

거리: 3 kpc

각크기: 32.0′

관측 시기: 여름

추천 – 안시: ★★★★☆, **사진:** ★★★☆☆

"1764년 6월 5일,

궁수의 머리와 활 사이 황도 아래쪽, 플램스티드의 궁수자리 25번 별인 7등성 근처의 성운. 이 성운은 둥글고 별을 포함하지 않으며 3.5피트 초점 거리의 평범한 망원경으로도 매우 잘 볼 수 있다. 위치를 결정하는 데 궁수자리 람다별이 도움을 줬다. 독일인인 Abraham Ihle가 1665년 토성을 관측하던 중 발견했다. M. Le Gentil이 1747년 관측했고 그는 천체를 그림으로 새겼다(직경 6')."

『Mémoires de l'Academie』

메시에 목록에서 가장 밝은 구상성단이지만, 남쪽 하늘의 천체라 북반구에서 그 인기는 M13에 밀린다. 하지만 남쪽 지역으로 여행을 간다면 훌륭한 모습을 보여줄 것이다(물론, 메시에 목록이 아닌 오메가 센타우리 성단이나 큰부리새자리 47번 성단이 더 밝게 보이긴 할 것이다). 각크기도 매우 크고, 고도가 충분히 높이 올라오는 지역에서는 맨눈으로도 보일 정도이다. 이 천체의 또 다른 특징은 황도와 가까이 위치한다는 점인데, 이 때문에 행성들이 근처를 종종 지나가기도 한다. M22는 우리 은하 내 알려진 구상성단 가운데 내부에 행성상성운이 있는 4개의 구상성단 가운데 하나이다. 나머지 3개는 M15 내부의 Pease 1, NGC 6441 내의 JaFu 2, Palomar 6 내부의 JaFu 1이다. M22 내부의 성운 이름은 GJJC 1이다. 물론 15등급 정도로 매우 어둡고 성단 내에 있는 데다 직경은 3″ 정도로 작아서 관측하기는 힘들 것이다(Pease 1은 대구경 망원경으로 필터를 사용해서 관측된 경우도 있는데, 본인이 그런 장비를 갖추고 있다면 GJJC 1에 도전해보는 것은 이 성단을 관측하는 또 다른 재미일 수 있겠다). 섀플리−소여 집중도 분류에서 VII로 분류된다. M22를 찾기 위해서는 궁수자리의 남두육성에서 Kaus Borealis, 궁수자리 φ, 그리고 Nunki를 찾는다. 그 세 별이 평행사변형의 연속된 세 꼭짓점이라고 생각하고, 나머지 한 점의 위치를 찾는다. M22는 그 나머지 한 점 근처에 위치해 있다.

1. 호핑 별 정보

1) λ Sgr(Kaus Borealis)

22 Sgr, HIP 90496

분류: 항성

겉보기 등급: 2.80

절대 등급: 0.90

적경/적위: 18h 29m 7.63s / −25° 24′ 29.1″

거리: 78.18ly

시차: 0.04172″

분광형: K0IV

2) 24 Sgr

HIP 91004

분류: 항성

겉보기 등급: 5.45

절대 등급: −3.56

적경/적위: 18h 35m 2.19s / −24° 00′ 53.9″

거리: 2064.28ly

분광형: K3III

3) HIP 91405

분류: 항성

겉보기 등급: 5.75

절대 등급: −0.15

적경/적위: 18h 39m 39.11s / −23° 29′ 08.1″

거리: 492.68ly

분광형: B8III

2. 호핑 방법

1) λ Sgr를 파인더 중앙에 놓으면 1번 별이 보인다. 그러면 1번 별로 파인더를 옮긴다.

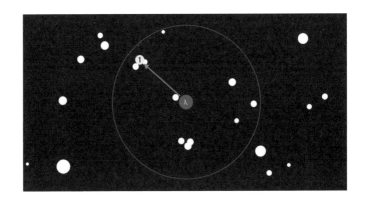

2) 그렇게 옮기면 1번 별과 2번 별이 보이는데, 그 사이에 M22가 있다.

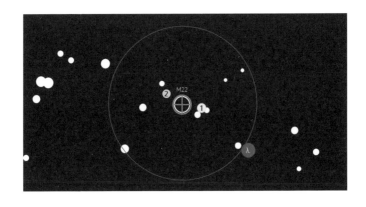

3. 볼거리

M13보다 밝고 또 별들을 분해해서 보기도 더 쉽다고는 하나, 고도가 낮기 때문에 남쪽 하늘 시야와 어두운 징도가 이 천체를 보는 데 중요할 것이다. 4인치 정도의 소구경 망원경으로도 별들이 분해돼서 보이기 시작할 것이다. 8인치 이상 대구경 망원경으로 남쪽 하늘이 좋은 장소에서 M22를 본다면 매우 멋있을 것이다. 필자는 2018년 3월, 메시에 마라톤을 하기 위해 갔던 꽤 어두운 관측지에서 M22를 200mm 돕소니언으로 관측했었다. 이후 기록을 위해 간단히 남긴 스케치(기억에 기반해서 그렸던 것 같다)에는 둥근 성운 상으로 그려져 있으나, 별들이 분해되었는지는 관측한 지 오래되어서 기억이 잘 나지는 않는다 (사실 필자가 본 구상성단 중 매우 인상적으로 기억에 남는, 별이 많이 분해되어서 보였던 구상성단은 M3와 M13 정도가 다이고 대체로 필자가 본 구상성단들은(특히 도시에서 봤을 때) 그냥 뿌옇고 중심부가 밝은 공 모양으로만 보였던 것 같다).

4. 찍을 거리

고도만 높게 올라온다면 밝고 크기도 큰 구상성단으로 구상성단 중에는 촬영하기 좋은 천체이다. 하지만 우리나라에서는 고도가 그리 높지 않다는 점이 촬영 시 어려움으로 작용하긴 하나, 밝기가 밝기 때문에 촬영 자체에는 문제가 없을 것이다. 남쪽 하늘 시야와 어두운 하늘이 확보된 곳에서 망원경을 사용해서 촬영해보자. 많은 별이 있는 구상성단의 특성상 별 상과 초점이 중요하므로 여기에 신경 써서 촬영하자(별 상이나 초점이 별로이면 sharp한 사진을 얻을 수 없고, 구상성단 사진에서 이는 치명적이다).

Messier 23

**궁수자리 은하수의 또 다른 메시에 천체로
꽤 볼만한 산개성단**

분류: 산개성단

소속: 궁수자리(Sagittarius)

겉보기 등급: 5.50

적경/적위: 17h 58m 16.56s / −18° 59′ 09.9″

거리: 648 pc

각크기: 27.0′

관측 시기: 여름

추천 − 안시: ★★★☆☆, **사진:** ★★★☆☆

"1764년 6월 20일,

궁수의 활 끝과 땅꾼의 오른쪽 발 사이의 성단으로,

플램스티드의 땅꾼자리 65번 별과 매우 가까이 있다. 이 성단의 별들은 서로가 매우 가까이에 있다. 이 천체의 위치는 궁수자리 뮤별로부터 결정됐다(직경 15′)."

『Catalog of Nebulae and Star Clusters』

15~20광년 정도의 크기를 갖는 산개성단으로 가장 밝은 별은 9.3등급이다. 궁수자리가 황도 별자리인 만큼, 이 성단 역시 황도에서 비교적 가까이 위치해 있다. 최소 150여 개의 별들로 구성된 성단으로 트럼플러의 분류 체계로는 I2r 또는 II2r, 또는 III1m의 산개성단이다. 엄청 유명한 산개성단은 아니지만, 안시관측을 했을 때 꽤 볼만한 산개성단일 것이다. 산개성단이라는 천체가 무엇인지 잘 드러내는 천체이지만, 엄청 멋있는 천체는 아니다. M23을 찾기 위해서는 M8 그리고 궁수자리 μ 별을 이은 선을 이등변의 한 변으로 하는 직각이등변삼각형을 그려본다(나머지 한 변의 방향은 궁수자리 뮤별의 서쪽으로 한다). M8과 궁수자리 뮤별이 아닌 나머지 꼭짓점의 위치에 M23이 있다.

1. 호핑 별 정보

1) λ Sgr(Kaus Borealis)

22 Sgr, HIP 90496

분류: 항성

겉보기 등급: 2.80

절대 등급: 0.90

적경/적위: 18h 29m 7.63s / −25° 24′ 29.1″

거리: 78.18ly

시차: 0.04172″

분광형: K0IV

2) V4028 Sgr

HIP 89980

분류: 변광성

겉보기 등급: 6.15

절대 등급: −1.42

적경/적위: 18h 22m 40.63s / −24° 54′ 12.6″

거리: 1065.87ly

분광형: M5IIIa

3) 24 Sgr

HIP 91004

분류: 항성

겉보기 등급: 5.45

절대 등급: −3.56

적경/적위: 18h 35m 2.19s / −24° 00′ 53.9″

거리: 2064.28ly

분광형: K3III

4) 14 Sgr

HIP 89369

분류: 항성

겉보기 등급: 5.45

절대 등급: −0.26

적경/적위: 18h 15m 29.81s / −21° 42′ 20.9″

거리: 452.99ly

분광형: K2III

5) μ Sgr(Polis)

13 Sgr, HIP 89341

분류: 식변광성, 쌍성

겉보기 등급: 3.80

절대 등급: −11.43

적경/적위: 18h 14m 59.38s / −21° 03′ 05.7″

거리: 36239.60ly

분광형: B8Iab

6) 15 Sgr

HIP 89439

분류: 쌍성

겉보기 등급: 5.25

절대 등급: −9.75

적경/적위: 18h 16m 26.30s / −20° 43′ 13.1″

거리: 32615.64ly

분광형: O9.7I

7) 16 Sgr

HIP 89440

분류: 쌍성

겉보기 등급: 5.95

적경/적위: 18h 16m 26.17s / −20° 22′ 48.1″

분광형: O9.5III

8) V4381 Sgr

HIP 88876

분류: 변광성

겉보기 등급: 6.40

절대 등급: −1.84

적경/적위: 18h 09m 52.39s / −21° 26′ 41.5″

거리: 1449.58ly

분광형: A2/3IAB

9) HIP 88760

분류: 항성

겉보기 등급: 6.20

절대 등급: −3.08

적경/적위: 18h 08m 25.16s / −21° 26′ 23.9″

거리: 2346.45ly

분광형: B1/2IB

10) HIP 88362

분류: 항성

겉보기 등급: 6.75

절대 등급: −3.90

적경/적위: 18h 03m 50.74s / −20° 44′ 09.5″

거리: 4407.52ly

분광형: B2/3II

11) HIP 88125

분류: 항성

겉보기 등급: 6.20

절대 등급: −1.05

적경/적위: 18h 01m 13.29s / −20° 20′ 21.5″

거리: 918.75ly

분광형: K0III

2. 호핑 방법

1) λ Sgr 파인더 중앙에 놓으면 1번 별과 2번 별이 보인다. 1번 별과 2번 별이 직선을 이루고 있다고 생각하고, λ Sgr에서 이 직선에 수선의 발을 내린다. 그러면 λ Sgr에서 수선의 발까지 간 길이의 3배만큼 파인더를 움직여준다.

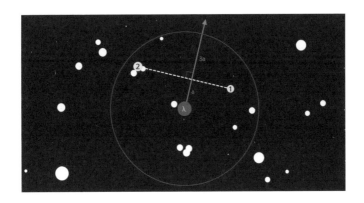

2) 옮기면 3, 4, 5, 6번 별이 옹기종기 모여 있는 것을 볼 수 있다. 그러면 4번 별에서 5번 별 반대 방향으로 파인더를 조금 움직여준다.

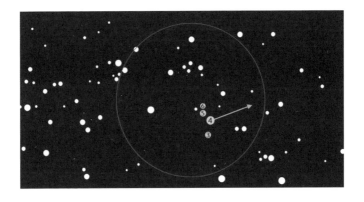

3) 날이 맑다면 7, 8, 9, 10번 별이 잘 보일 것이다. M23은 이 네 별의 굴곡을 따라가면 그 위치에 있다.

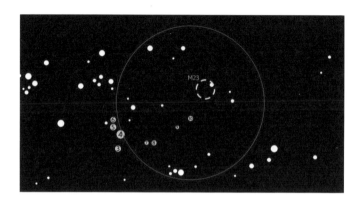

3. 볼거리

주위의 천체들을 보면서 M23도 같이 관측해보자. 꽤 많은 별들이 모여 있는 산개성단만의 매력을 느낄 수 있을 것이다. 물론 M11이나 M37과 같이 엄청 멋있는 모습을 보여주지는 못하겠지만 산개성단이라는 천체의 특징을 잘 보여준다고 생각된다. 필자는 2018년 7월, 대도시 근처의 관측지에서 200mm 돕소니언으로 M23을 관측했었다. 산개성단으로 평범하게 보였으며 애매하게 보이지는 않았던 것 같다(예전 기록을 봐서 잘은 기억은 안 나지만, 애매하게 보이지 않았다는 말은 아마도 천체를 분명하게 구분할 수 있었다는 내용인 듯하다).

4. 찍을 거리

산개성단의 사진은 별 상과
별의 색을 살리는 것이 중요하
기 때문에 이를 신경 쓰면서 망
원경으로 M23을 촬영해보자.
산개성단의 별들은 성운이나
은하에 비해서 적은 노출시간
으로 촬영해도 대체로 잘 나온

다. 그렇지만 노출시간을 오래 줘서 더 어두운 별들과 별의 색
을 잘 살리는 것도 나쁘지 않을뿐더러 은하수 주위의 수많은
별들과 함께 촬영하는 것을 추천한다. 산개성단의 경우에는 시
상이나 초점 같은 요인 외에도 굴절망원경의 색수차(별 색을 살리
는 것을 방해함)와 반사망원경의 코마수차(별 상을 살리는 것을 방해함)
를 줄이는 것이 중요하므로 적절한 장비를 사용해야 한다. 또
한 배경은 물론이고 별들이 지나치게 saturation 되지 않도록
하는 것도 중요하다.

Messier 24
(Small Sagittarius Star Cloud)

Messier guide

**메시에 목록의 천체 중 실제 딥스카이 천체가 아닌
몇 대상 가운데 하나로,
궁수자리 은하수의 Star Cloud**

분류: 은하수의 '별구름'

소속: 궁수자리(Sagittarius)

겉보기 등급: 2.50

적경/적위: 18h 17m / −18° 33′

거리: 3.1 kpc

각크기: 90.0′

관측 시기: 여름

추천 − 안시: ★★★☆☆, **사진:** ★★★☆☆

"1764년 6월 20일,

앞선 천체(M23)의 평행선 위의 성단으로, 궁수자리의 활 끝 근처 은하수 속에 있다. 서로 다른 등급의 많은 별들이 있는 큰 성운의 모습을 가진 천체이다. 성단에 전체적으로 퍼져있는 그 빛은 여러 부분으로 나뉘어져 있다. 결정된 위치는 이 성단의 중심이다(직경 1° 30′)."

....

『Catalog of Nebulae and Star Clusters』

※ 작가의 첨언: M23의 평행선이라는 것은 M24의 위치를 생각했을 때, M23의 적위를 말하는 것으로 생각된다. 일부 문헌에서 M24는 star cloud 내부의 NGC 6603이라는 산개성단이라고 언급하기도 하지만, NGC 6603은 11등급 정도의 작은 산개성단으로 메시에가 관측이 가능했을지도 불분명하고 메시에의 설명과도 다르기 때문에 보통 star cloud를 M24로 본다.

궁수자리 은하수의 star cloud로 M17과 궁수자리 μ 사이에 위치해 있다(궁수자리 뮤별 근처에는 많은 메시에 천체가 있다). M8부터 시작해서 M17과 M16을 은하수를 따라 관측하면서 볼 수 있는 천체이다. 은하수 사진을 보면 M17 아래에 위치한 밝은 빛 덩어리로, 망원경으로 보면 많은 별들을 볼 수 있다. 실제로는 딥 스카이 천체가 아니고, 우리 은하 중심 방향의 성간물질의 틈 새로 보이는 우리 은하의 나선팔 일부이나. 우리 은하 중심 방향으로는 성간물질이 짙게 있지만, 비교적 투명한 창도 존재한다. 그러한 창 사이로 보이는 star cloud가 M24이다(우리 은하 의 궁수자리–용골자리 팔의 일부이다). 영어로는 Small Sagittarius Star Cloud라고도 불리는데, 10도가량 남쪽에 위치한 Large Sagittarius Star Cloud와는 구분된다. M24는 궁수자리 μ별 에서부터 은하수를 따라 북쪽으로 스타 호핑을 하면 찾을 수 있다. 하지만 망원경으로 M8, M20 등 은하수를 따라 있는 여러 천체를 천천히 보면서 M24를 찾아보는 것도 추천한다. M24는 M8이나 궁수자리 뮤별에서부터 은하수를 따라 M17을 찾아가는 과정(M17 찾는 법 참고)에 있는 천체이다. 궁수자리 뮤 별과 M17의 중점 부근에 위치해 있다.

1. 호핑 별 정보

1) λ Sgr(Kaus Borealis)

22 Sgr, HIP 90496

분류: 항성

겉보기 등급: 2.80

절대 등급: 0.90

적경/적위: 18h 29m 7.63s / −25° 24′ 29.1″

거리: 78.18ly

시차: 0.04172″

분광형: K0IV

2) V4028 Sgr

HIP 89980

분류: 변광성

겉보기 등급: 6.15

절대 등급: −1.42

적경/적위: 18h 22m 40.63s / −24° 54′ 12.6″

거리: 1065.87ly

분광형: M5IIIa

3) 24 Sgr

HIP 91004

분류: 항성

겉보기 등급: 5.45

절대 등급: −3.56

적경/적위: 18h 35m 2.19s / −24° 00′ 53.9″

거리: 2064.28ly

분광형: K3III

4) 14 Sgr

HIP 89369

분류: 항성

겉보기 등급: 5.45

절대 등급: −0.26

적경/적위: 18h 15m 29.81s / −21° 42′ 20.9″

거리: 452.99ly

분광형: K2III

5) μ Sgr(Polis)

13 Sgr, HIP 89341

분류: 식변광성, 쌍성

겉보기 등급: 3.80

절대 등급: −11.43

적경/적위: 18h 14m 59.38s / −21° 03′ 05.7″

거리: 36239.60ly

분광형: B8Iab

6) 15 Sgr

HIP 89439

분류: 쌍성

겉보기 등급: 5.25

절대 등급: −9.75

적경/적위: 18h 16m 26.30s / −20° 43′ 13.1″

거리: 32615.64ly

분광형: O9.7I

7) 16 Sgr

HIP 89440

분류: 쌍성

겉보기 등급: 5.95

적경/적위: 18h 16m 26.17s / −20° 22′ 48.1″

분광형: O9.5III

8) Y Sgr

HIP 89968

분류: 맥동변광성

겉보기 등급: 5.75

절대 등급: −2.14

적경/적위: 18h 22m 35.34s / −18° 50′ 56.5″

거리: 1235.44ly

분광형: F8II

9) V4387 Sgr

HIP 89470

분류: 회전변광성, 쌍성

겉보기 등급: 6.00

절대 등급: −2.20

적경/적위: 18h 16m 43.04s / −18° 39′ 12.5″

거리: 1424.26ly

분광형: B9Ia

10) HIP 89609

분류: 항성

겉보기 등급: 5.80

절대 등급: −1.58

적경/적위: 18h 18m 23.22s / −17° 21′ 54.1″

거리: 976.52ly

분광형: K2III

11) HIP 89851

분류: 항성

겉보기 등급: 5.35

절대 등급: -0.67

적경/적위: 18h 21m 19.63s / -15° 49′ 17.5″

거리: 521.02ly

분광형: K3III

2. 호핑 방법

1) λ Sgr 파인더 중앙에 놓으면 1번 별과 2번 별이 보인다. 1
번 별과 2번 별이 직선을 이루고 있다고 생각하고, λ Sgr에서
이 직선에 수선의 발을 내린다. 그러면 λ Sgr에서 수선의 발까
지 간 길이의 3배만큼 파인더를 움직여준다.

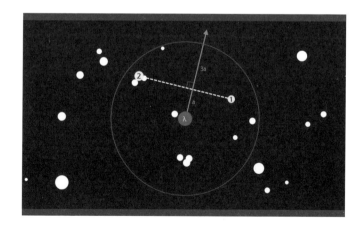

2) 옮기면 3, 4, 5, 6번 별이 옹기종기 모여 있는 것을 볼 수 있다. 그러면 3번 별에서 6번 별 방향으로 2배만큼 파인더를 움직여준다.

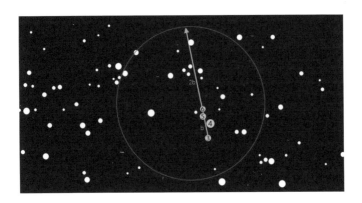

3) 그러면 7, 8, 9, 10번 별이 나온다. M17은 10번 별, M18은 9번 별, M24는 7번 별과 8번 별 사이에 위치한다.

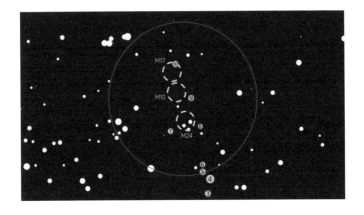

3. 볼거리

밝은 천체이므로 쌍안경이나 소형 망원경으로도 잘 보일 것이다. 작은 망원경으로도 많은 별들을 볼 수 있을 것이고, 대구경 망원경을 사용한다면 NGC 6603과 같은 내부의 산개성단이나 M24의 북서쪽 가장자리에 있는 암흑성운인 B92를 찾아보는 것도 재미있을 것이다. 시직경이 꽤 크고 밝은 천체인데, 이러한 천체는 대구경 쌍안경으로도 매우 멋진 모습을 보여줄 것이다. 밝기 때문에 다른 밝은 산개성단과 함께 도시에서 찾아봐도 꽤 잘 보일 것이다. 필자는 2018년 6월, 대도시에서 127mm 슈미트 카세그레인식 망원경을 사용해서 M24를 관측했었다. 별이 꽤 보였지만 밀집도는 낮았다. 다만 비교적 소구경의 망원경으로 도시에서 본 점을 감안하면 어두운 하늘에서는 더욱 잘 보일 것이다.

4. 찍을 거리

M24 내부의 많은 별들과 작은 산개성단, 암흑성운이 잘 드러나도록 촬영하는 것을 추천한다. 많은 별들을 자연스럽게 촬영하기 위해서는 어두운 하늘에서 촬영하는 것이 중요하다. 광시야로 M17이나 M8과 같은 주위의 천체들이나 주변 은하수와

함께 촬영해도 좋을 것이다. M24만 찍는다고 하더라도 큰 천체이기 때문에 시야가 넓은 망원경을 쓰거나 망원렌즈를 사용하는 것을 추천한다.

Messier 25

Messier guide

**궁수자리에 있는 또 하나의 성단으로 특이하게도
NGC 목록에는 없는 천체**

분류: 산개성단

소속: 궁수자리(Sagittarius)

겉보기 등급: 4.60

적경/적위: 18h 32m 59.50s / −19° 06′ 03.0″

거리: 620 pc

각크기: 32.0′

관측 시기: 여름

추천 – 안시: ★★☆☆☆, 사진: ★★☆☆☆□

"1764년 6월 20일,

앞선 두 성단(M23, M24) 근처에 있는 작은 별들의 성단으로 궁수의 머리와 활 끝 사이에 위치해 있다. 이 성단에서 가장 가까이 위치한 알려진 별은 6등성인 플램스티드의 궁수자리 21번 별이다. 이 성단의 별들은 3.5피트 초점 거리의 평범한 망원경으로 어렵지만 보인다. 성운기는 보이지 않으며 이 천체의 위치는 궁수자리 뮤로부터 결정되었다(직경 10′)."

『Catalog of Nebulae and Star Clusters』

궁수자리에 있는 산개성단으로, 역시 은하수 근처에 위치해 있다. 밝은 성단이고 셰조, 허셜 등에 의해서도 관측된 성단이지만 NGC 목록에 없는 천체이다. 다만 IC 목록에는 IC 4725 라는 번호로 존재한다. 느슨한 산개성단으로 트럼플러의 분류로는 I2p의 산개성단이다(다만 I3m이나 IV3r, 또는 III3m으로 분류한 경우도 있다). 적게는 86개, 많게는 601개의 별들로 이루어져 있다고는 하나, 별이 엄청 풍부하게 존재하는 편은 아니다(그렇다고 별이 많이 없거나 하다는 뜻은 아니다). 변광 주기가 6.74일인 세페이드형 변광성인 궁수자리 U가 이 성단의 구성 항성이다. M25는 주위의 밝은 별들과의 기하학적 위치 관계로 빠르게 찾기에는 다소 까다로운 천체이다(M17, M16 등도 마찬가지인데, 이 두 천체는 은하수를 따라 여러 천체들을 보면서 올라가면 찾을 수 있긴 하지만 찾기 까다로운 건 마찬가지이다). 궁수자리 뮤별과 M24를 이은 선이 직각이등변삼각형의 한 이등변이라고 생각했을 때, 나머지 한 꼭짓점에 M25가 위치해 있다(M25는 M24와 궁수자리 뮤별 동쪽에 위치해 있다). 다만 M24의 시직경이 크기 때문에 M25를 이렇게 찾기는 좀 힘들 수도 있다. 하지만 한 번에 못 찾았다고 하더라도 저배율 아이피스로 그 부근을 탐색하다 보면 성단을 찾을 수 있을 것이다.

1. 호핑 별 정보

1) λ Sgr(Kaus Borealis)
22 Sgr, HIP 90496

분류: 항성

겉보기 등급: 2.80

절대 등급: 0.90

적경/적위: 18h 29m 7.63s / −25° 24′ 29.1″

거리: 78.18ly

시차: 0.04172″

분광형: K0IV

2) V4028 Sgr

HIP 89980

분류: 변광성

겉보기 등급: 6.15

절대 등급: −1.42

적경/적위: 18h 22m 40.63s / −24° 54′ 12.6″

거리: 1065.87ly

분광형: M5IIIa

3) 24 Sgr

HIP 91004

분류: 항성

겉보기 등급: 5.45

절대 등급: −3.56

적경/적위: 18h 35m 2.19s / −24° 00′ 53.9″

거리: 2064.28ly

분광형: K3III

4) 14 Sgr

HIP 89369

분류: 항성

겉보기 등급: 5.45

절대 등급: -0.26

적경/적위: 18h 15m 29.81s / -21° 42′ 20.9″

거리: 452.99ly

분광형: K2III

5) μ Sgr(Polis)

13 Sgr, HIP 89341

분류: 식변광성, 쌍성

겉보기 등급: 3.80

절대 등급: -11.43

적경/적위: 18h 14m 59.38s / -21° 03′ 05.7″

거리: 36239.60ly

분광형: B8Iab

6) 15 Sgr

HIP 89439

분류: 쌍성

겉보기 등급: 5.25

절대 등급: -9.75

적경/적위: 18h 16m 26.30s / -20° 43′ 13.1″

거리: 32615.64ly

분광형: O9.7I

7) 16 Sgr

HIP 89440

분류: 쌍성

겉보기 등급: 5.95

적경/적위: 18h 16m 26.17s / −20° 22′ 48.1″

분광형: O9.5III

8) 21 Sgr

HIP 90289A

분류: 쌍성

겉보기 등급: 4.85

절대 등급: −1.46

적경/적위: 18h 26m 34.30s / −20° 31′ 43.9″

거리: 597.39ly

분광형: K1/2III

9) Y Sgr

HIP 89968

분류: 맥동변광성

겉보기 등급: 5.75

절대 등급: −2.14

적경/적위: 18h 22m 35.35s / −18° 50′ 56.5″

거리: 1235.44ly

분광형: F8II

10) HIP 90806

분류: 쌍성

겉보기 등급: 5.10

절대 등급: 0.92

적경/적위: 18h 32m 38.36s / −18° 23′ 12.6″

거리: 223.09ly

분광형: A0V

2. 호핑 방법

1) λ Sgr 파인더 중앙에 놓으면 1번 별과 2번 별이 보인다. 1번 별과 2번 별이 직선을 이루고 있다고 생각하고, λ Sgr에서 이 직선에 수선의 발을 내린다. 그러면 λ Sgr에서 수선의 발까지 간 길이의 3배만큼 파인더를 움직여준다.

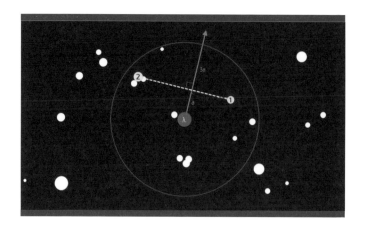

2) 옮기면 3, 4, 5, 6번 별이 옹기종기 모여 있는 것을 볼 수
있다. 그러면 7번 별과 8번 별이 직선을 이룬다고 하여, 그 직
선에 대해 4번 별을 대칭 시킨 위치로 파인더를 옮긴다.

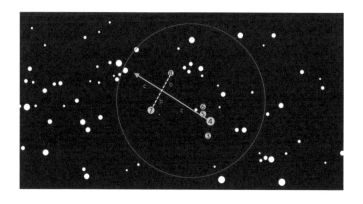

3) 그러면 7, 8, 9번 별이 이등변삼각형을 이루는 것을 볼 수

있다. M25는 9번 별 옆에 있다.

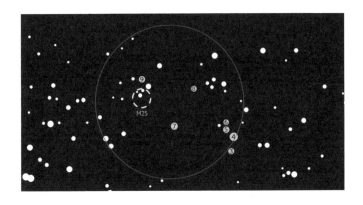

3. 볼거리

근처 궁수자리의 다른 메시에 천체들을 보면서 한 번쯤 보는 것도 나쁘지 않다. 밝기 때문에 도시에서도 쉽게 보일 것이다. 필자는 2018년 7월, 대도시 근교의 관측지에서 200mm 돕소니언으로 M25를 관측했었다. 필자의 스케치에는 몇 개의 별들이 그려져 있다(물론 안 그린 별들도 있을 것이긴 하다). 오래되어서 그런 것도 있겠지만, 특별히 인상적인 천체는 아니었던 것 같다.

4. 찍을 거리

　다른 산개성단과 마찬가지로 망원경을 활용해서 별의 색깔과 별 상에 유의하며 M25를 촬영하는 것을 추천한나. 은하수나 주위의 천체와 함께 광시야로 촬영하는 것도 나쁘지 않을 것이다 (성단을 자세하게 촬영하고 싶다면 성단만을 찍는 것이 더 나을 것이다).

Messier 26

방패자리에 있는 2개의 메시에 산개성단 중
덜 알려진 천체로, 메시에 목록 20번대의
모든 천체가 그렇듯이 여름철 하늘의 천체이다

분류: 산개성단

소속: 방패자리(Scutum)

겉보기 등급: 8.00

적경/적위: 18h 45m / −09° 23′

거리: 1.6 kpc

각크기: 15.0′

관측 시기: 여름

추천 – 안시: ★★☆☆☆, 사진: ★★☆☆☆

"1764년 6월 20일,

Antinous의 에타와 오미크론 근처의 성단(지금의 방
패자리 알파와 델타)으로, 그 사이에 더 밝은 또 다른 하
나가 있다. 3.5피트 초점 기리의 망원경으로는 구
별하기 어려우며 좋은 장비를 사용해야 한다. 이 성
단은 성운기가 없다(직경 2′)."

『Catalog of Nebulae and Star Clusters』

독수리자리와 궁수자리 사이의 작은 별자리인 방패자리에
있는 비교적 어두운 산개성단으로, 같은 별자리에 있는 또 다
른 산개성단인 M11의 명성에 밀린 천체이다. M26은 8등급 정
도로 어두운 산개성단으로, 그리 멋있게 보이는 천체는 아니
다. 성단에서 가장 밝은 별은 11등급 정도로 어두운 편이다.
M26의 중심부 근처에는 별들의 밀도가 낮은 영역이 있는데 성
간물질에 의한 차폐라는 등 의견들이 제시되었지만 2015년 노
팅엄 대학교의 Michael Merrifield가 아직 이에 대한 명확한
설명이 없다고 했다. 트럼플러의 분류 체계로는 II2r 또는 I1m
이나 II3m이 제시된다. 방패자리에는 특별히 밝은 별이 없어서
별들과의 기하학적인 위치 관계로 찾기 다소 까다롭다. 그나마
있는 위치 관계로는 방패자리 알파와 델타를 이용하는 방법이

있다. 방패자리 알파별에서 델타별을 향하는 방향과 같은 방향으로 델타별에서 알파별과 델타별 사이 거리의 1/3만큼 간 지점 근처에서 M26을 찾을 수 있다. 방패자리 알파와 델타를 찾기 힘들다면 독수리자리의 꼬리 부분에서부터 찾아 나가는 것을 추천한다.

1. 호핑 별 정보

1) λ Aql(Al Thalimain Prior)

16 Aql, HIP 93805

분류: 쌍성

겉보기 등급: 3.40

절대 등급: 0.56

적경/적위: 19h 07m 26.26s / −4° 50′ 55.6″

거리: 120.53ly

시차: 0.02706″

분광형: B8.5V

2) i Aql

12 Aql, HIP 93429

분류: 항성

겉보기 등급: 4.00

절대 등급: 0.78

적경/적위: 19h 02m 52.58s / −5° 42′ 27.4″

거리: 143.93ly

분광형: K1 III

3) η Sct

HIP 93026

분류: 항성

겉보기 등급: 4.80

절대 등급: 0.84

적경/적위: 18h 58m 07.62s / −5° 49′ 05.9″

거리: 202.33ly

분광형: K0 III

4) α Sct

HIP 91117

분류: 항성

겉보기 등급: 3.85

절대 등급: −0.08

적경/적위: 18h 36m 25.56s / −8° 13′ 42.3″

거리: 199.12ly

분광형: K3 III

5) Σ 2350

HIP 91532

분류: 쌍성

겉보기 등급: 5.80

절대 등급: −0.41

적경/적위: 18h 41m 13.28s / −7° 46′ 14.9″

거리: 570.20ly

분광형: K3 III

6) ε Sct

3 Aql, HIP 91845

분류: 쌍성

겉보기 등급: 4.85

절대 등급: −1.29

적경/적위: 18h 44m 44.45s / −8° 15′ 11.0″

거리: 551.87ly

분광형: G8 IIb

7) δ Sct

2 Aql, HIP 91726

분류: 맥동변광성, 쌍성

겉보기 등급: 4.70

절대 등급: 0.77

적경/적위: 18h 43m 30.02s / −9° 01′ 51.9″

거리: 199.36ly

분광형: F2 II–III

2. 호핑 방법

1) 아래 그림과 같은 방법으로 λ Aql을 찾은 후 파인더를 보면 1, 2번 그리고 3번 별이 있다. 여기서 λ Aql에서 2번 별로 연장한 방향으로 세 번 가는 위치로 파인더를 옮긴다.

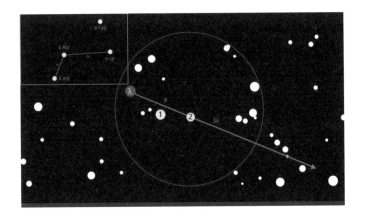

2) 파인더를 옮긴 후에는 3, 4, 5, 6번 별이 사다리꼴의 형태를 이루고 있음을 볼 수 있다. M26은 3번 별을 6번 별로 연장한 방향으로 반만큼 더 간 위치에 있다.

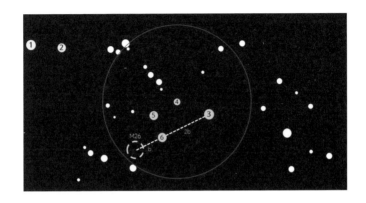

3. 볼거리

멋있는 천체는 아니지만 근처를 둘러보고 있다면 한 번쯤 보는 것도 나쁘지 않을 것이다. 비교적 어두운 산개성단이므로 어두운 하늘에서, 또는 대구경 망원경으로 봐야 개개의 별들이 보일 것이다. 6에서 8인치 구경의 망원경으로는 25개 정도의 별들이 보인다고 한다.

4. 찍을 거리

  망원경을 사용하여 별의 상과 별 색깔을 살리는 데에 집중하여 M26을 촬영해보자. 비교적 어두운 산개성단이므로 노출시간을 다른 성단에 비해 오래 주는 것을 추천한다.

Messier 27
(Dumbbell Nebula)

**매우 유명한 행성상성운으로
백조자리 알비레오 근처의 작은 별자리인
작은여우자리에 있는 천체**

분류: 행성상성운

소속: 작은여우자리(Vulpecula)

겉보기 등급: 7.40

적경/적위: 20h 00m 25.94s / +22° 46′ 31.1″

거리: 389 pc

각크기: 8.0′ X 5.7′

관측 시기: 여름

추천 – 안시: ★★★☆☆, **사진:** ★★★★☆

"1764년 7월 12일,

작은여우자리에서 발견된 별이 없는 성운. 두 앞발 사이에 위치해 있으며 5등성인 플램스티드의 14번 별과 아주 가까이 위치해 있다. 초점 거리 3.5피트의 평범한 망원경으로 잘 볼 수 있으며 타원 모양으로 보이고 별이 포함되어 있지 않다. M. Messier가 1779년의 혜성의 성도에 위치를 보고했는데 이는 같은 해의 Academy 책에 새겨졌다. 1781년 1월 31일 다시 관측했다(직경 4′)."

『Catalog of Nebulae and Star Clusters』

백조자리 근처의 작은 별자리인 작은여우자리에 있는 매우 유명한 행성상성운이다. 메시에 목록에 있는 4개의 행성상성운 중 고리 성운(M57)과 함께 많이 관측되는 천체로, 북반구 중위도 지역에서 매우 높은 고도로 올라온다. 은하수 속의 밝은 천체이지만, 행성상성운 치고는 각크기가 크기 때문에 도시에서 잘 보이지는 않는다(크기가 크면 표면 밝기가 낮아진다. 그래서 더 어둡지만 크기는 작은 고리 성운이 도시에서 더 잘 보인다). 아령 모양의 밝은 부분과 어두운 부분까지 합하면 원형의 모습을 갖고 있는 천체로, 일반적으로 안시관측을 하면 직사각형 모양으로 중심 부분이 보인다. 우리의 시선 방향은 아령 성운의 적도면과 일치하게 되는데, 만약 극방향과 시선 방향이 일치했다면 고리 성운과 비슷한 모습으로 보였을 것이다. 1970년 Bohuski, Smith, Weedman은 성운의 확장 속도는 초속 31km라고 제시했다. 행성상성운의 중심성은 13.5등급의 밝기를 갖는, 85,000K 정도의 뜨거운 별이다. 다른 행성상성운들과 마찬가지로 OIII 방출선이 매우 강하게 방출된다. M27은 화살자리 감마에서 북쪽으로 조금만 올라가면 볼 수 있는 M자로 배열된 별들 중, 가운데 별인 작은 여우자리 14번 별 바로 옆에 위치해 있다.

1. 호핑 별 정보

1) γ Sge

12 Sge, HIP 98337

분류: 항성

겉보기 등급: 3.50

절대 등급: −0.99

적경/적위: 19h 59m 36.48s / +19° 32′ 46.5″

거리: 258.44ly

시차: 0.01262″

분광형: M0III

2) α Sge(Sham)

5 Sge, HIP 96757

분류: 쌍성

겉보기 등급: 4.35

절대 등급: −1.23

적경/적위: 19h 40m 57.09s / +18° 03′ 36.3″

거리: 425.24ly

분광형: G1II

3) β Sge

6 Sge, HIP 96837

분류: 항성

겉보기 등급: 4.35

절대 등급: −1.30

적경/적위: 19h 41m 54.48s / +17° 31′ 21.2″

거리: 439.56ly

분광형: K0III

4) δ Sge

7 Sge, HIP 97365A

분류: 변광성, 쌍성

겉보기 등급: 4.30

절대 등급: −1.39

적경/적위: 19h 48m 14.43s / +18° 35′ 01.2″

거리: 448.02ly

분광형: M2II + B0V

5) η Sge

16 Sge, HIP 98920

분류: 항성

겉보기 등급: 5.05

절대 등급: 1.59

적경/적위: 20h 06m 0.41s / +20° 02′ 52.8″

거리: 160.35ly

분광형: K2III

6) 14 Vul

HIP 98375

분류: 항성

겉보기 등급: 5.65

절대 등급: 2.19

적경/적위: 19h 59m 59.82s / +23° 09′ 19.3″

분광형: F1V

7) V395 Vul

12 Vul, HIP 97679

분류: 변광성

겉보기 등급: 4.90

절대 등급: −1.53

적경/적위: 19h 51m 53.56s / +22° 39′ 38.9″

거리: 629.65ly

분광형: B2.5V

8) 17 Vul

HIP 99080

분류: 항성

겉보기 등급: 5.05

절대 등급: −0.90

적경/적위: 20h 07m 42.77s / +23° 40′ 17.7″

거리: 504.11ly

분광형: B2.5V

9) 16 Vul

HIP 98636A

분류: 쌍성

겉보기 등급: 5.75

절대 등급: 1.69

적경/적위: 20h 02m 50.14s / +24° 59′ 37.3″

거리: 211.38ly

분광형: F2V

10) 13 Vul

HIP 97886A

분류: 쌍성

겉보기 등급: 4.55

절대 등급: −0.66

적경/적위: 19h 54m 16.51s / +24° 07′ 53.8″

거리: 359.20ly

분광형: B9.5III

2. 호핑 방법

1) 다음 그림에 나와 있는 곳으로 파인더를 옮기면 화살자리
를 이루는 γ Sge와 1, 2, 3번 별이 보인다.

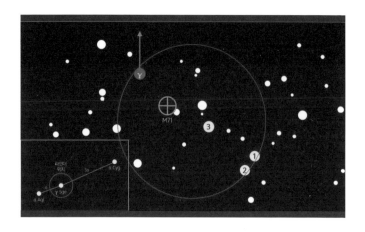

2) 그렇게 옮기면 4, 5, 6번 별이 보이게 된다. 그러면 파인 더를 5번 별로 옮긴다.

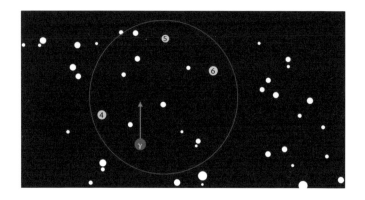

3) 5번 별이 5, 6(또는 7), 8, 9번 별과 평행사변형을 이루고 있는 것을 확인한다. 확인되면 5번 별을 파인더 중앙에 둔다.

그러면 그 주위로 M27이 보일 것이다.

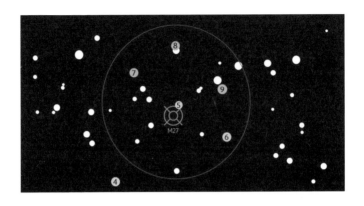

3. 볼거리

도시에서는 생각보다 잘 보이는 대상은 아니지만 성운 필터를 사용한다면 8인치 구경 정도의 망원경으로 볼 수 있을 것이다. 물론 어두운 하늘에서는 그보다 작은 망원경을 사용해도 필터 없이 잘 보일 것이다. 비교적 밝은 중심 부분은 직사각형 모양으로 잘 보일 것이며 그 주변부는 대구경 망원경으로 봐야 보일 것이다. 어두운 하늘에서 대구경 망원경을 사용해 성운의 구조를 자세히 관측해보자. 필자는 2017년 8월, 대도시 근교의 하늘에서 200mm 돕소니언으로 M27을 관측했었다. 60배로 관측했을 때, 직사각형 모양의 성운으로 뿌옇게 보였고 '직사각형'의 한 대각선은 동서 방향으로 정렬되어 있었다.

4. 찍을 거리

망원경을 사용하여 촬영하는 것을 추천한다. 성운의 색깔을 잘 표현하는 것이 중요하며, 또 성운의 어두운 부분과 밝은 부분이 모두 잘 나오도록 하는 것이 중요하다. 또 세부 디테일이 잘 나오도록 초점을 정확히 맞추고 시상이 좋은 날 촬영하는 것을 추천한다. 특히 행성상성운의 경우 몇몇 방출선에서 강한 빛을 방출하기 때문에 협대역 촬영 역시 좋은 촬영 기법이다. 특히 도시에서도 높은 수준의 결과물을 얻을 수 있다. 물론 특정 파장 대역만 통과시키는 필터의 특성상 노출시간이 길어지게 되고, 천체를 추적하는 정확성 역시 더 높아져야 하므로 오토가이드 사용을 추천한다. '실제' 색깔과 가깝게 표현되도록(특정 파장이 그 파장의 빛을 우리 눈으로 보았을 때 보이는 색으로 표현되도록) 하기 위해서는 R 채널로 H-a 데이터를, G와 B 채널로는 OIII 데이터를 사용하는 것을 추천한다.

Messier 28

messier guide

궁수자리에 여러 개 있는 작은 메시에 구상성단

가운데 하나로 찾기 매우 쉽다

분류: 구상성단

소속: 궁수자리(Sagittarius)

겉보기 등급: 6.80

적경/적위: 18h 25m 42.11s / −24° 51′ 24.1″

거리: 5.6 kpc

각크기: 11.2′

관측 시기: 여름

추천 − 안시: ★★☆☆☆, **사진:** ★★☆☆☆

"1764년 7월 27일.

궁수의 활 위쪽 부분에서 발견된 성운으로, 람다별에서 1도 정도 떨어져 있으며 머리와 활 사이에 위치한 아름다운 성운(M22)에서 조금 멀리 떨어져 있다. 별을 포함하고 있지 않으며, 둥글고 3.5피트 초점 거리의 평범한 망원경으로 어렵게 보인다. 이 천체의 위치는 궁수자리 람다별로부터 결정되었다. 1781년 3월 20일 다시 관측함(직경 2′)."

『Catalog of Nebulae and Star Clusters』

궁수자리에 있는 작은 메시에 구상성단 중 하나로 M22에 비해 크기도 작고 어두울뿐더러 밀집도가 더 높기도 하다. M22에 가려져 그리 유명한 천체는 아니지만 Kaus Borealis에서 1도도 채 안 떨어져 있기에 관측하기는 쉬운 천체이다. M28에는 구상성단 내에서 밀리초 펄서가 발견된 최초의 성단 중 하나이다. M28은 궁수자리의 Kaus Borealis를 찾은 후 북서쪽으로 조금 가면 찾을 수 있다. Kaus Borealis가 밝은 별이기 때문에 M28은 별로 안 유명한 천체치고는 찾기가 매우 쉽다. 사실 메시에 목록 전체에서도 찾기 쉬운 천체로 볼 수 있다.

1. 호핑 별 정보

1) λ Sgr(Kaus Borealis)

22 Sgr, HIP 90496

분류: 항성

겉보기 등급: 2.80

절대 등급: 0.90

적경/적위: 18h 29m 7.63s / −25° 24′ 29.1″

거리: 78.18ly

시차: 0.04172″

분광형: K0IV

2) V4028 Sgr

HIP 89980

분류: 변광성

겉보기 등급: 6.15

절대 등급: −1.42

적경/적위: 18h 22m 40.63s / −24° 54′ 12.6″

거리: 1065.87ly

분광형: M5IIIa

3) 24 Sgr

HIP 91004

분류: 항성

겉보기 등급: 5.45

절대 등급: −3.56

적경/적위: 18h 35m 2.19s / −24° 00′ 53.9″

거리: 2064.28ly

분광형: K3III

2. 호핑 방법

1) λ Sgr를 파인더 중앙에 놓으면 1번 별과 2번 별이 보인다. 그러면 λ Sgr와 1번 별 가운데에 파인더 시야를 놓으면 M28이 보인다.

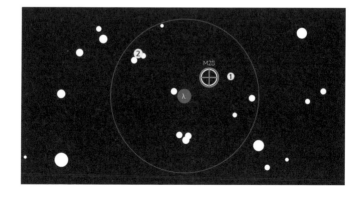

3. 볼거리

찾기도 쉽고 꽤 밝게 보이므로 한 번쯤 보는 것을 추천한다. 소구경에서는 뿌연 공 모양으로, 일반적인 구상성단처럼 보이겠지만 대구경에서는 별들을 분해해서 볼 수 있을 것이다. 필자는 2018년 6월, 대도시 인근의 관측지에서 200mm 돕소니언으로 M28을 관측했었다. M28은 꽤 밝게 보이는 구상성단이었고 전갈자리의 M80과 비슷한 느낌이었던 것 같다(아마 M80과 마찬가지로 작고, 생각보다 밝게 보이는 뿌연 공 모습으로 보일 것이다. 구상성단은 별이 분해되지 않으면 그렇게 멋있게 보이지는 않지만, 검은 하늘에서 별들과는 다른 뿌연 공이 보이는 것 자체만으로도 우주의 신비로움을 경험할 수 있을 것이다).

4. 찍을 거리

작은 구상성단이므로 초점 거리가 비교적 긴 망원경을 사용해서 촬영하는 것을 추천한다. 다른 구상성단과 마찬가지로 주변부와 중심부가 잘 표현되도록 촬영하고 별 상과 초점에 유의하며 촬영하는 것을 추천한다.

Messier 29
(Cooling Tower)

Messier guide

백조자리 사드르 근처의 찾기 쉬운, 도시에서도 잘 보이는 작은 산개성단

분류: 산개성단

소속: 백조자리(Cygnus)

겉보기 등급: 7.10

적경/적위: 20h 24m 38.38s / +38° 35′ 11.8″

거리: 1.1 kpc

각크기: 7′

관측 시기: 여름

추천 – 안시: ★★☆☆☆, **사진:** ★★☆☆☆

"1764년 7월 29일,

7~8개의 매우 작은 별들로 이루어진 성단으로 백조자리 감마별 아래에 있으며 초점 거리 3.5피트의 평범한 망원경으로는 성운의 형태로 보인다. 이 천체의 위치는 백조자리 감마에 의해 결정되었다."

『Catalog of Nebulae and Star Clusters』

백조자리 사드르 근처에 위치한 작은 산개성단으로 비교적 찾기 쉽다. 도시에서도 잘 보이며 별이 많이 보이거나 성단이 큰 것은 아니지만 아기자기한 모습을 볼 수 있는 천체이다. 비교적 밝은 별들이 플레이아데스성단을 떠오르게 하는, 기하학적 형태로 배치되어 있다. 은하수에 위치한 천체여서 주위에도 많은 별들이 있지만, 단번에 알아볼 수 있을 정도로 특징적이니 찾기 어려울 거라고 섣불리 판단하지 않아도 된다. 트럼플러의 분류 체계에서는 III3pn 또는 II3m 이나 I2mn으로 분류된다. 밝은 별인 백조자리 사드르에서 1~2도가량 남쪽(사드르를 기준으로 놓았을 때, 데네브가 12시 방향이라고 하면 M29는 7~8시 방향에 있다. 시계의 방향을 이용하면 여러 천체들을 쉽게 찾을 수 있다)에서 M29를 쉽게 찾을 수 있다.

1. 호핑 별 정보

1) γ Cyg(Sadr)

37 Cyg, HIP 100453

분류: 항성

겉보기 등급: 2.20

절대 등급: −6.55

적경/적위: 20h 22m 55.03s / +40° 19′ 10.8″

거리: 1832.34ly

시차: 0.00178″

분광형: F8Ib

2) 40 Cyg

HIP 100907

분류: 항성

겉보기 등급: 5.60

절대 등급: 1.05

적경/적위: 20h 28m 16.93s / +38° 30′ 17.7″

거리: 265.60ly

분광형: A2V

3) P Cyg

34 Cyg, HIP 100044

분류: 폭발변광성

겉보기 등급: 4.75

절대 등급: −7.72

적경/적위: 20h 18m 29.62s / +38° 05′ 39.2″

거리: 10192.39ly

분광형: B1Ia+

4) HIP 99968

분류: 쌍성

겉보기 등급: 5.25

절대 등급: −3.17

적경/적위: 20h 17m 36.26s / +40° 25′ 33.7″

거리: 1575.63ly

분광형: K3IIIa

2. 호핑 방법

1) γ Cyg를 찾으면 1, 2, 3번 별이 보이는데, 이때 1번 별과 2번 별 사이(1:2 내분 지점)에 M29가 있다.

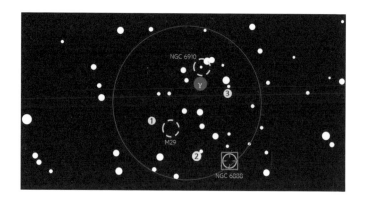

3. 볼거리

도시에서도 매우 잘 보이는 천체로, 천체관측 초보자들도 쉽게 찾을 수 있을 것이다. 생각보다 작게 보이는 성단으로, 소형 망원경으로도 아기자기한 모습을 볼 수 있을 것이다. 어두운 하늘에서 본다면 은하수의 수많은 별들을 볼 수 있겠지만, 성단 자체는 어두운 데서 보아도 엄청 멋있게 보이지는 않는다. 그래도 그 성단의 모양 자체는 꽤 인상적인 편이다. 필자 역시 M29는 많이 관측해 보았던 것 같다.

4. 찍을 거리

 별이 많이 보이는 성단이 아니어서 사진 촬영의 대상으로 그
리 좋은 산개성단은 아니지만, 주위 은하수의 많은 별들과 함
께 성단을 촬영하는 것을 추천한다. 성단을 너무 크게 촬영하
는 것보다는 비교적 작게 촬영하여 아기자기한 모습을 담는 것
도 나쁘지 않아 보인다.

Messier 30
(Jellyfish Cluster)

Messier guide

**염소자리의 유일한 메시에 천체로
메시에 마라톤에서 가장 마지막으로
관측해야 하는 구상성단**

분류: 구상성단

소속: 염소자리(Capricornus)

겉보기 등급: 7.20

적경/적위: 21h 41m 26.93s / −23° 05′ 30.9″

거리: 8.3 kpc

각크기: 12.0′

관측 시기: 여름~가을

추천 − 안시: ★★★☆☆, **사진:** ★★☆☆☆

> "1764년 8월 3일,
>
> 염소의 꼬리 아래에서 발견된 성운으로, 그 별자리
> 의 6등성인 플램스티드의 41번 별에서 매우 가까운
> 위치에 있다. 초점 거리 3.5피트의 평범한 망원경
> 으로 어렵게 보인다. 둥글고 별을 포함하지 않는다.
> 이 천체의 위치는 염소자리 제타로부터 결정되었다
> (직경 2′)."

『Mémoires de l'Academie』

염소자리의 유일한 메시에 천체이다. 메시에 마라톤에서 새
벽에 가장 마지막으로 봐야 하는 천체인데 우리나라에서 관측
하기 위해서는 4월 초에 메시에 마라톤을 하는 것이 유리하다
(물론 초저녁에 봐야 하는 천체들은 보기 어려울 것이다). 집중도 분류로
는 V이고 중심부 핵은 별의 밀도가 매우 높으며 핵붕괴를 겪었
다. 우리 은하에서 가장 밀도가 높은 지역 중 하나일 정도인데,
M30의 핵은 1 세제곱 파섹당 태양 질량의 100만 배 정도에 해
당하는 질량이 있을 정도로 높은 밀도를 갖고 있다. 핵의 크기
가 매우 작으며, 성단 질량의 절반이 반지름 8.7광년 이내의
지역에 존재한다. X선 쌍성은 몇 개 있지 않다고 알려졌는데,
이로부터 성단 내부에서 의외로 별들이 근접하는 상황이 비교

적 드물게 발생했다는 것을 알 수 있다. M30을 찾으려면 우선 염소자리 제타별을 찾아야 한다. 염소자리를 역삼각형으로 본다면, 남동쪽 변의 중간 근처에서 염소자리 제타별을 찾을 수 있다. 주위에 기하학적 위치 관계를 이용해서 M30을 찾는 네 쓸만한 밝은 별이 별로 없는데, 그래서 염소자리 제타별에서 스타 호핑 또는 나머지 염소자리 별들과의 위치 관계를 이용해서 M30을 찾는 것을 추천한다. 제타별에서 동쪽으로 3도 조금 넘게 떨어진 위치에 있다. 5등성인 염소자리 41번 별과 가까이 있으므로 41번 별을 먼저 찾는 것도 나쁘지 않아 보인다.

1. 호핑 별 정보

1) δ Cap(Deneb Algedi)

49 Cap, HIP 107556

분류: 식변광성, 쌍성

겉보기 등급: 2.85

절대 등급: 2.48

적경/적위: 21h 48m 5.31s / −16° 02′ 18.3″

거리: 38.70ly

시차: 0.08427″

분광형: A5MF2

2) γ Cap(Nashira)

40 Cap, HIP 106985

분류: 자전변광성

겉보기 등급: 3.65

절대 등급: 0.24

적경/적위: 21h 41m 8.57s / −16° 34′ 27.9″

거리: 157.03ly

분광형: A7MF3

3) κ Cap

43 Cap, HIP 107188

분류: 항성

겉보기 등급: 4.70

절대 등급: −0.08

적경/적위: 21h 43m 43.21s / −18° 46′ 39.9″

거리: 294.10ly

분광형: G8III

4) ε Cap(Castra)

39 Cap, HIP 106723

분류: 폭발변광성, 쌍성

겉보기 등급: 4.50

절대 등급: −3.05

적경/적위: 21h 38m 8.69s / −19° 22′ 44.1″

거리: 1055.52ly

분광형: B3V

5) 37 Cap

HIP 106559

분류: 항성

겉보기 등급: 5.70

절대 등급: 3.54

적경/적위: 21h 35m 55.11s / −19° 59′ 51.3″

거리: 88.39ly

분광형: F5V

6) 33 Cap

HIP 105665

분류: 항성

겉보기 등급: 5.35

절대 등급: 1.02

적경/적위: 21h 25m 14.28s / −20° 46′ 08.6″

거리: 239.29ly

분광형: K0III

7) 35 Cap

HIP 105928

분류: 항성

겉보기 등급: 5.75

절대 등급: −0.43

적경/적위: 21h 28m 19.48s / −21° 06′ 43.3″

거리: 560.41ly

분광형: K3III

8) b Cap

36 Cap, HIP 106039

분류: 항성

겉보기 등급: 4.50

절대 등급: 0.90

적경/적위: 21h 29m 48.82s / −21° 43′ 20.5″

거리: 171.12ly

분광형: G7IIIb

9) ζ Cap

34 Cap, HIP 105881

분류: 쌍성

겉보기 등급: 3.75

절대 등급: −1.61

적경/적위: 21h 27m 45.12s / −22° 19′ 37.4″

거리: 385.53ly

분광형: G4Ib

10) HIP 105576

분류: 항성

겉보기 등급: 5.60

절대 등급: −1.28

적경/적위: 21h 24m 5.86s / −22° 35′ 09.1″

거리: 774.72ly

분광형: M0III

11) 41 Cap

HIP 107128

분류: 쌍성

겉보기 등급: 5.20

절대 등급: 0.95

적경/적위: 21h 43m 5.61s / −23° 10′ 29.8″

거리: 230.66ly

분광형: K0III

2. 호핑 방법

1) 아래의 그림과 같이 δ Cap을 찾은 후 파인더 시야에 들어오게 하여 조금 움직이면 δ Cap과 함께 1, 2, 3, 4번 별이 시야에 들어오게 된다. 그렇게 하여 δ Cap에서 3, 4번 별 방향으로 연장하여 파인더를 움직인다.

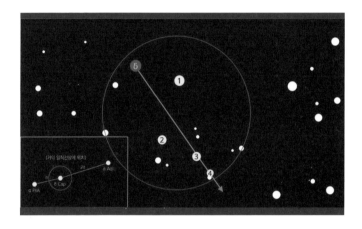

2) 그렇게 하면 5, 6, 7, 8, 9번 별이 보이게 된다. 이때 7번 별을 파인더 중앙에 맞춘 후 5번 별에서 6번 별으로 연장한 방향으로 파인더를 움직인다.

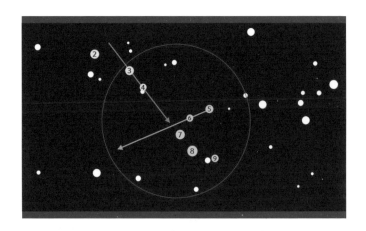

3) 그렇게 하면 7, 8번 별과 함께 10번 별이 파인더 시야에 들어오게 되는데, 이 10번 별 근처에 바로 M30이 있다.

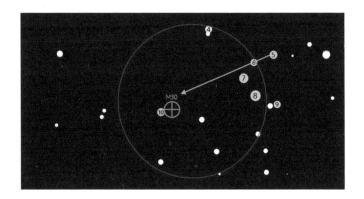

3. 볼거리

평범한 구상성단으로 보일 것이고 비교적 대구경의 망원경으로는 별들을 분해해서 볼 수 있을 것이다. 메시에 마라톤에서 가장 마지막으로 봐야 하는 천체로 메시에 마라톤 한정 매우 어려운 대상이다. 만약 고도가 높은 가을철에 본다면 쉽게 볼 수 있을 것이다. 필자는 2018년 10월, 어두운 관측지에서 8" 리치−크레티앙 망원경을 사용해서 M30을 관측했었다. 하늘이 좋아서인지 찾기는 쉬웠고 평범한 구상성단으로 보였던 것 같다. 성단 옆에 별 하나가 스케치에 기록되어 있다(물론 주위에 별들은 더 많이 있었을 것이다).

4. 찍을 거리

별 상과 초점에 유의하며 망원경으로 M30을 촬영해보자. 중심과 주변부가 모두 잘 표현되도록 촬영하는 것을 추천하며, 너무 시야를 꽉 채워서 촬영하는 것보다 주변까지 나오도록 촬영하는 것도 나쁘지 않다(그렇다고 성단의 구성 별들이 잘 안 보일 정도로 성단을 작게 촬영하는 것은 별로 추천하지 않는다).

메시에 번호	이름	분류	겉보기 등급	각크기	적경	적위
M 1	Crab Nebula	초신성 잔해	8.40	6.0′ x 4.0′	5h 35m 40.29s	+22° 01′ 28.5″
M 2	–	구상 성단	6.30	16.0′	21h 34m 26.44s	−0° 44′ 10.6″
M 3	–	구상 성단	6.20	18.0′	13h 43m 08.20s	+28° 16′ 28.4″
M 4	–	구상 성단	5.90	36.0′	16h 24m 50.76s	−26° 34′ 19.1″
M 5	–	구상 성단	6.65	23.0′	15h 19m 36.10s	+2° 00′ 24.1″
M 6	Butterfly Cluster	산개 성단	4.20	25.0′	17h 41m 40.94s	−32° 15′ 44.9″
M 7	Ptolemy's Cluster	산개 성단	3.30	80.0′	17h 55m 13.96s	−34° 47′ 44.5″
M 8	Lagoon Nebula	전리수소 영역	6.00	90.0′ x40.0′	18h 04m 46.00s	−24° 22′ 27.7″
M 9	–	구상 성단	8.42	12.0′	17h 20m 24.56s	−18° 32′ 10.7″
M 10	–	구상 성단	6.40	20.0′	16h 58m 14.70s	−4° 07′ 52.3″
M 11	Wild Duck Cluster	산개 성단	6.30	14.0′	18h 52m 09.12s	−6° 14′ 40.5″
M 12	–	구상 성단	6.70	16.0′	16h 48m 13.30s	−1° 58′ 48.0″
M 13	Hercules Cluster	구상 성단	5.80	20.0′	16h 42m 22.13s	+36° 25′ 38.9″
M 14	–	구상 성단	8.32	11.0′	17h 38m 41.46s	−3° 15′ 24.6″
M 15	–	구상 성단	6.30	18.0′	21h 30m 54.22s	+12° 15′ 10.8″

M 16	Eagle Nebula	전리수소 영역	6.00	25.0′	18h 19m 57.76s	−13° 47′ 50.2″
M 17	Swan Nebula	전리수소 영역	6.00	45.0′ x 35.0′	18h 21m 58.00s	−16° 09′ 40.6″
M 18	Black Swan Cluster	산개 성단	7.50	5.0′ x 5.0′	18h 21m 09.52s	−17° 05′ 30.1″
M 19	−	구상 성단	6.80	9.6′ x 9.6′	17h 03m 54.75s	−26° 17′ 46.2″
M 20	Trifid Nebula	전리수소 영역/ 반사 성운	6.30	28.0′	18h 03m 50.31s	−22° 58′ 07.6″
M 21	Webb's Cross Cluster	산개 성단	6.50	14.0′ x 14.0′	18h 05m 21.02s	−22° 29′ 09.9″
M 22	Great Sagittarius Cluster	구상 성단	5.10	32.0′	18h 37m 32.57s	−23° 53′ 10.6″
M 23	−	산개 성단	5.50	27.0′	17h 58m 16.56s	−18° 59′ 09.9″
M 24	Small Sagittarius Star Cloud	은하수의 별 구름	2.50	90.0′	18h 17m	−18° 33′
M 25	−	산개 성단	4.60	32.0′	18h 32m 59.50s	−19° 06′ 03.0″
M 26	−	산개 성단	8.00	15.0′	18h 45m	−09° 23′
M 27	Dumbbell Nebula	행성상 성운	7.50	8.0′ X 5.7′	20h 00m 25.94s	+22° 46′ 31.1″
M 28	−	구상 성단	7.70	11.2′	18h 25m 42.11s	−24° 51′ 24.1″
M 29	Cooling Tower	산개 성단	7.10	7.0′	20h 24m 38.38s	+38° 35′ 11.8″
M 30	Jellyfish Cluster	구상 성단	7.20	12.0′	21h 41m 26.93s	−23° 05′ 30.9″

6. 사진출처

© 윤관우 :

p. 29 | p. 30 | p. 31 | p. 32 | p. 33 | p. 34 | p. 35(상) | p. 35(하) | p. 39
p. 40 | p. 45 | p. 46 | p. 47 | p. 48 | p. 49 | p. 61(하) | p.145(상) | p. 192(상)
p. 230(좌) | p. 293(상)

© 장승혁 :

p. 61(상) | p. 91(하) | p. 124 | p.164 | p. 192(하) | p. 202(좌) | p.230(우)
p. 293(하)

© 국립청소년우주센터(NYSC) 덕흥천문대 :

p. 72 | p. 84 | p. 91(상) | p. 100(상), p. 100(하) | p. 108 | p. 116 | p. 130
p. 138 | p. 145(하) | p. 156 | p. 164 | p. 173 | p. 180 | p. 202(우) | p. 211
p. 222 | p. 236 | p. 243 | p. 253 | p. 264 | p. 274 | p. 282 | p. 299 | p. 305
p. 316

Messier guide

7. 참고문헌

- Harvard Pennington, The Year-Round Messier Marathon Field Guide, Willmann-Bell, 1997, 196 pages

- Neil Bone& Wil Tirion, Deep Sky Observer's Guide, Firefly Books, 2005, 224 pages

- SIMBAD Astronomical Database – CDS (Strasbourg), http://simbad.cds.unistra.fr/simbad/

- The Messier Catalog, https://www.messier.seds.org/

- Wikipedia, https://www.wikipedia.org/

- 가이 콘솔매그노 & 댄 데이비스, 오리온자리에서 왼쪽으로, 최용준 역, 해나무, 2003, 230페이지

메시에
가이드 I

초판 1쇄 발행   2022. 10. 7.

지은이   윤관우, 김태호, 최승규
펴낸이   김병호
펴낸곳   주식회사 바른북스

편집진행   김재영
디자인   김민지

등록   2019년 4월 3일 제2019-000040호
주소   서울시 성동구 연무장5길 9-16, 301호 (성수동2가, 블루스톤타워)
대표전화   070-7857-9719 | **경영지원**   02-3409-9719 | **팩스**   070-7610-9820

•바른북스는 여러분의 다양한 아이디어와 원고 투고를 설레는 마음으로 기다리고 있습니다.

이메일   barunbooks21@naver.com | **원고투고**   barunbooks21@naver.com
홈페이지   www.barunbooks.com | **공식 블로그**   blog.naver.com/barunbooks7
공식 포스트   post.naver.com/barunbooks7 | **페이스북**   facebook.com/barunbooks7